KB252322

6
청이의 새로운 짜장
요리스타
청

요리스타 청❻

1판 1쇄 발행 | 2015. 10. 29.
1판 6쇄 발행 | 2022. 1. 2.

조재호 글 | 은하수 그림 | 요리조리스쿨 기획 | 정혜정 요리 감수

발행처 김영사 | **발행인** 고세규
편집 김선민
등록번호 제 406-2003-036호 | **등록일자** 1979. 5. 17.
주소 경기도 파주시 문발로 197(우·10881)
전화 마케팅부 031-955-3100 | 편집부 031-955-3113~20 | 팩스 031-955-3111

값은 표지에 있습니다.
ISBN 978-89-349-7224-2 17590
ISBN 978-89-349-6526-8 (세트)

좋은 독자가 좋은 책을 만듭니다. 김영사는 독자 여러분의 의견에 항상 귀 기울이고 있습니다.
전자우편 book@gimmyoung.com | 홈페이지 www.gimmyoungjr.com

이 도서의 국립중앙도서관 출판예정도서목록(CIP)은 서지정보유통지원시스템 홈페이지(http://seoji.nl.go.kr)와
국가자료공동목록시스템(http://www.nl.go.kr/kolisnet)에서 이용하실 수 있습니다. (CIP제어번호 : CIP2015025880)

어린이제품 안전특별법에 의한 표시사항

제품명 도서 제조년월일 2022년 1월 2일 제조사명 김영사 주소 10881 경기도 파주시 문발로 197
전화번호 031-955-3100 제조국명 대한민국 ⚠주의 책 모서리에 찍히거나 책장에 베이지 않게 조심하세요.

6
청이의 새로운 짝꿍
요리스타 청★
조재호 글 | 은하수 그림
요리조리스쿨 기획 | 정혜정 요리 감수
주니어김영사

신나고 바른 식문화를 위해

안녕하세요, 독자 여러분? 〈요리스타 청〉의 스토리를 맡고 있는 만화가 조재호와 그림을 그리고 있는 만화가 은하수입니다.

저희는 함께 만화를 그리고 있는 동료인 동시에 두 아이를 키우고 있는 부부이기도 합니다. 저희 아이들도 〈요리스타 청〉을 보고 있는 여러분과 비슷한 또래예요. 아이들을 키우면서 가장 신경 쓰이는 것 중 하나가 바로 음식입니다. 음식은 아이들의 건강과 성장에 직결되는 문제인 데다가 최근 유전자 조작 식품이다, 방사능 해산물이다 해서 식재료에 대한 흉흉한 이야기들이 워낙 많다 보니 부모로서 자연스레 관심이 갈 수밖에 없지요. 되도록이면 믿을 수 있는 재료를 직접 골라 집에서 제대로 만든 음식만 먹이고 싶지만 그게 생각처럼 쉬운 일은 아닙니다. 각종 패스트푸드와 인스턴트식품들의 광고를 보고 있노라면 어른들도 그 달콤한 유혹을 이겨 내기 힘든데 아이들은 오죽하겠어요? 그래서 저희는 음식에 대해 본격적으로 알아보기로 결심했습니다. 인스턴트식품들이 나쁘다면 왜 나쁜지, 꼭 먹어야 한다면 슬기롭게 먹는 방법은 무엇인지에서부터 아이들의 건강은 물론, 입맛까지 챙겨 줄 수 있는 좋은 먹거리와 바른 조리법에 대해 고민하기 시작한 것이지요. 그리고 그러한 고민의 결과를 독자

여러분과 나누어야겠다는 결심에서 시작하게 된 만화가 바로 〈요리스타 청〉입니다.

저희 부부는 예전에 요리 학원을 잠깐 다닌 적이 있지만 그것만으로는 요리 만화를 그리는 데 부족함이 많았습니다. 이를 극복하기 위해 시중에 나온 요리 관련 서적들을 열심히 보고 평소에 안 먹던 음식들도 열심히 먹어 보았습니다. 여러 전문가들의 도움도 받았지요. 동아사이언스의 과학 전문 기자들과 함께 요리와 관련된 과학 지식들을 익히기도 했고, 요리 학교 선생님들로부터 조언도 구했습니다. 또한 현장에서 요리를 익히는 학생들 모습을 놓치지 않기 위해 직접 인터뷰하고, 학생들이 실습하는 모습도 스케치했습니다.

〈요리스타 청〉은 독자 여러분에게 단순히 '음식은 무조건 골고루 먹어야 하고, 불량식품은 절대 먹어선 안 돼!'라고 강요하는 만화가 아닙니다. 우리 주인공 청이의 좌충우돌 흥미진진한 학교생활을 즐기면서 만화에 나오는 멋진 요리들을 감상하다 보면 자신도 모르는 사이에 음식이 왜 소중한지, 우리는 어떤 음식을 어떻게 먹고 살아야 하는지 자연스럽게 깨닫게 될 거예요.

만화가 조재호·은하수

몸과 마음을 예쁘게 성장시켜 주는 책

안녕하세요? 〈요리스타 청〉의 요리 교실을 맡고 있는 정혜정입니다.

저는 전주에 있는 국제한식조리학교에서 학생들에게 요리를 가르치고 있는 선생님입니다. 〈요리스타 청〉의 독자 여러분에게도 맛있는 요리 비법을 하나씩 소개해 주려고 해요. 주방장이 될 것도 아닌데 요리를 배워서 뭐하느냐고요? 여러분은 가족이나 친구들과 맛있는 음식을 먹으면 어떤 기분이 드세요? 신나고 행복하지 않나요? 그래요. 맛있는 음식은 사람들을 행복하게 만든답니다. 여러분도 정성이 깃든 맛있는 요리를 통해 주위 사람들을 기쁘게 해주는 건 어떨까요? 요리는 여러분을 인기 있는 멋쟁이로 만들어 줄 수 있어요.

요리에는 또 다른 놀라운 힘이 있어요. 요리를 하다 보면 성장기에 있는 여러분의 두뇌가 쑥쑥 성장한다는 사실, 알고 있나요? 요리를 만들기 위해 밀가루를 반죽하고, 예쁘게 재료를 다듬고, 냄새를 맡는 등의 행위 자체가 여러분의 감성과 집중력, 지성 등을 길러 주는 훈련이 된답니다. 뿐만 아니라 물을 끓이고, 재료를 익히는 등의 과정을 통해 요리에 숨어 있는 물리, 화학, 생물, 의학 등 각종 과학 지식을 자연스럽게 몸에 익힐 수도 있어요. 여러분이 요리를 통해서 과학을 좀 더 쉽고 친근하게 만날 수 있

도록 선생님도 노력하겠습니다.

친구들은 오늘 어떤 음식을 먹었나요? 김치와 된장찌개? 혹은 샌드위치나 피자? 혹시 먹기 싫다고 투정부리지는 않았나요? 어떤 것이든 우리가 먹는 모든 음식에는 인류의 역사가 담겨 있다고 해도 과언이 아니에요. 인류의 조상들이 농사를 짓고 사냥을 하는 등 어렵게 얻은 식재료들을 어떻게 하면 좀 더 맛있고 영양가 있게 먹을 수 있을까 연구하고 고민한 끝에 만들어진 결과물이 오늘날 우리가 먹는 여러 음식들인 거예요. 오늘 저녁에는 밥상에 있는 음식들을 보면서 그 안에 깃들어 있는 우리의 문화와 조상들의 지혜를 느끼려고 한번 노력해 보세요. 평소 아무렇지도 않게 생각하던 음식들이 한결 맛있게 느껴질 거예요.

여러분이 건강하고 바르게 성장하는 데 가장 중요한 게 무엇일까요? 바로 음식이에요. 그런 의미에서 저는 여러분께 〈요리스타 청〉을 추천합니다. 이 만화는 단순히 요리와 관련된 지식만을 알려주거나, 불량 식품은 몸에 해로우니 먹지 말라고 훈계하는 그런 만화가 아니에요. 우리가 올바르게 성장하기 위해서는 어떤 음식을 먹어야 하며, 그러한 음식들이 얼마나 소중한 것인지 일깨워 주는 만화랍니다. 만화에 나오는 주인공들처럼 몸도 마음도 예쁘고 멋있게 성장하고 싶다면 〈요리스타 청〉을 읽어 보세요.

정혜정 (국제한식조리학교 교장)

★ 등장인물 소개 ★

청이

조선 시대 궁궐의 생각시였으나, 우연한 사고로 21세기 대한민국으로 넘어오게 됐다. 국제조리영재학교에 입학한 뒤, 한국 대표 팀 선수로 요리스타 세계 대회에 출전한다.

특징 : 백년 묵은 산삼을 먹고 얻게 된 괴력

한울

국제조리영재학교 최고의 인기 남학생. 뛰어난 요리 실력을 갖춘 꽃미남이지만 청이 앞에서는 개구쟁이 도련님일 뿐이다.

특징 : 엄청난 편식 습관

피에르 권

인기 레스토랑 올라불라의 주방장. '악마의 소스'에 눈이 멀어서 내금위장을 위험에 빠뜨린다. 하지만 잘못을 뉘우치고 청이의 특별 요리 선생님으로 활약한다.

특징 : 악마의 소스를 향한 강한 집착

가연

국제조리영재학교의 'A클래스' 멤버인 여학생. 요리스타 코리아 결승전에서 청이에게 패한 것을 무척 분하게 생각한다.

특징 : 결정적인 순간 드러나는 어설픈 요리 실력

韓食

차 례

제1화 **장맛의 예언** ······ 12

제2화 **절대 용서하지 않겠다!** ······ 24

제3화 **크리스탈의 위험한 제안** ······ 38

제4화 **개코의 치명적 단점** ······ 50

제5화 **긴장을 극복하라!** ······ 64

제6화 **타지마할을 넘어라!** ······ 76

제7화 **빵 도련님의 대활약** ······ 90

제8화 **위기에 더욱 강해져라!** ······ 102

제9화 **끝나지 않은 가연의 음모** ······ 128

제10화 **한울이의 선택** ······ 154

제1화
장맛의
예언

음…, 정말 장맛이 이상하구나.

하지만 장맛이 변하면 집안에 안 좋은 일이 생긴다는 것은

그저 옛말일 뿐이란다.

너무 심려 말거라.

떱 떱

아…, 예.

그건 그렇고, 한울이는 어디로 갔지?

방금 전까지 계셨는데….

이놈! 또 밥은 안 먹고 군것질을 하는구나! 당장 잡아 오너라!

이 양반이 진짜… 말로 해서는 안 될 사람이군!

도련님~!
도련님!

쿽
벌

집 안에는
없사옵니다!
나가서 다시
찾아보겠
습니다!
번뜩
아니다.
분명 집 안에
숨어 있어.
슬슬 다시
군것질 버릇이
나올 때가
됐구나.

부스럭
부스럭
이런!
여기 숨어
계셨군요!
팟
콜라맛 코리

구 리~
구 리~
이게
다 뭐야?
온갖 불량
식품이잖아.
쿠키
초코
짱
쭈빵

얼마나
드신 겁니까?
저 똥배
좀 봐!

앗,
도망친다!
다 다 다

어서 잡아라!
오늘은 그냥
못 넘어간다!

게 섰거라!

안 돼!
한 달치 용돈 다
털어서 산 거야!
헤헤헤~,
맛있는 콜라랑
아이스크림~♬
다다다다
꽉
포기할 수
없어!
이리
내놔요!
혼나고
싶어요?
콱!
꿀꺽
으이그!
진짜~!
~♬
싫어! 싫어!
다 먹을 테다!
콸 콸 콸

읍 읍…
?

갑자기 왜 그러시어요?
도련님.
피…
피…

쵸아아
피해!

하학
학
학
청이야, 미안해.
내가 그만
죽을 죄를 졌다.

이게
무엇이옵니까?
도련님의
입 안에서…
폭포수가
쏟아졌습니다.
이거 정말….

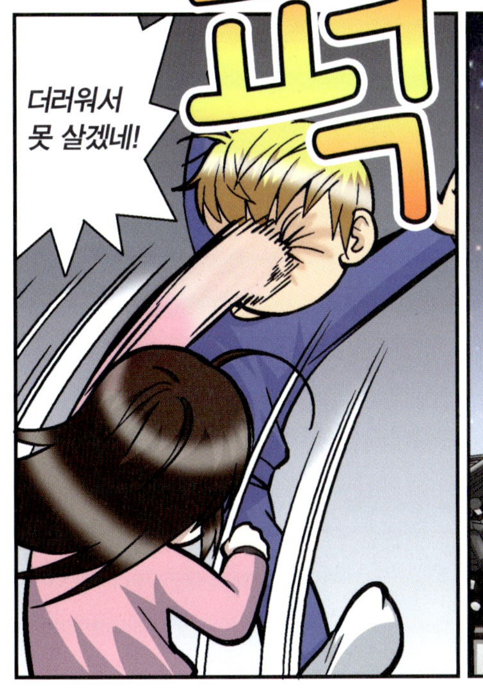

더러워서
못 살겠네!
퍽

꺄울
전통 한정식
수라간
T.971-88**

잘했다. 한동안
군것질 생각은
안하겠지?
그럼요!

콜라 분수

콜라와 멘토스, 평범한 두 간식이 함께 만나는 순간 엄청난 일이 일어난다. 바로 콜라 분수쇼!

일반적으로 콜라에는 음료 양의 3.5~4배 정도 되는 이산화탄소가 녹아 있다. 그런데 멘토스를 콜라에 넣으면 아라비아 고무 성분이 녹아 나오면서 콜라의 표면 장력(액체를 구성하는 분자가 서로 끌어당기는 힘)을 약하게 만든다. 그 결과 콜라는 이산화탄소가 쉽게 빠져나올 수 있는 환경이 된다. 이때 갇혀 있던 많은 양의 이산화탄소들이 콜라 병의 좁은 입구에서 한꺼번에 빠져나오면서 분출되어 분수를 만드는 것이다.

콜라 분수쇼는 아이스크림으로도 만들 수 있다. 아이스크림 속에 들어 있는 당류나 지방 성분이 콜라와 결합하면 표면 장력이 약해진다. 이 상태에서 빠져나온 이산화탄소가 아이스크림 속 미세한 기포와 만나면 기포가 증폭하고, 아이스크림의 부피가 급격히 팽창해 분출되는 것이다. 이때의 폭발력은 콜라와 멘토스가 만났을 때보다 훨씬 강력하고 위험하다. 따라서 콜라와 아이스크림을 한꺼번에 먹거나, 어른들의 도움 없이 실험을 하지 않도록 주의해야 한다.

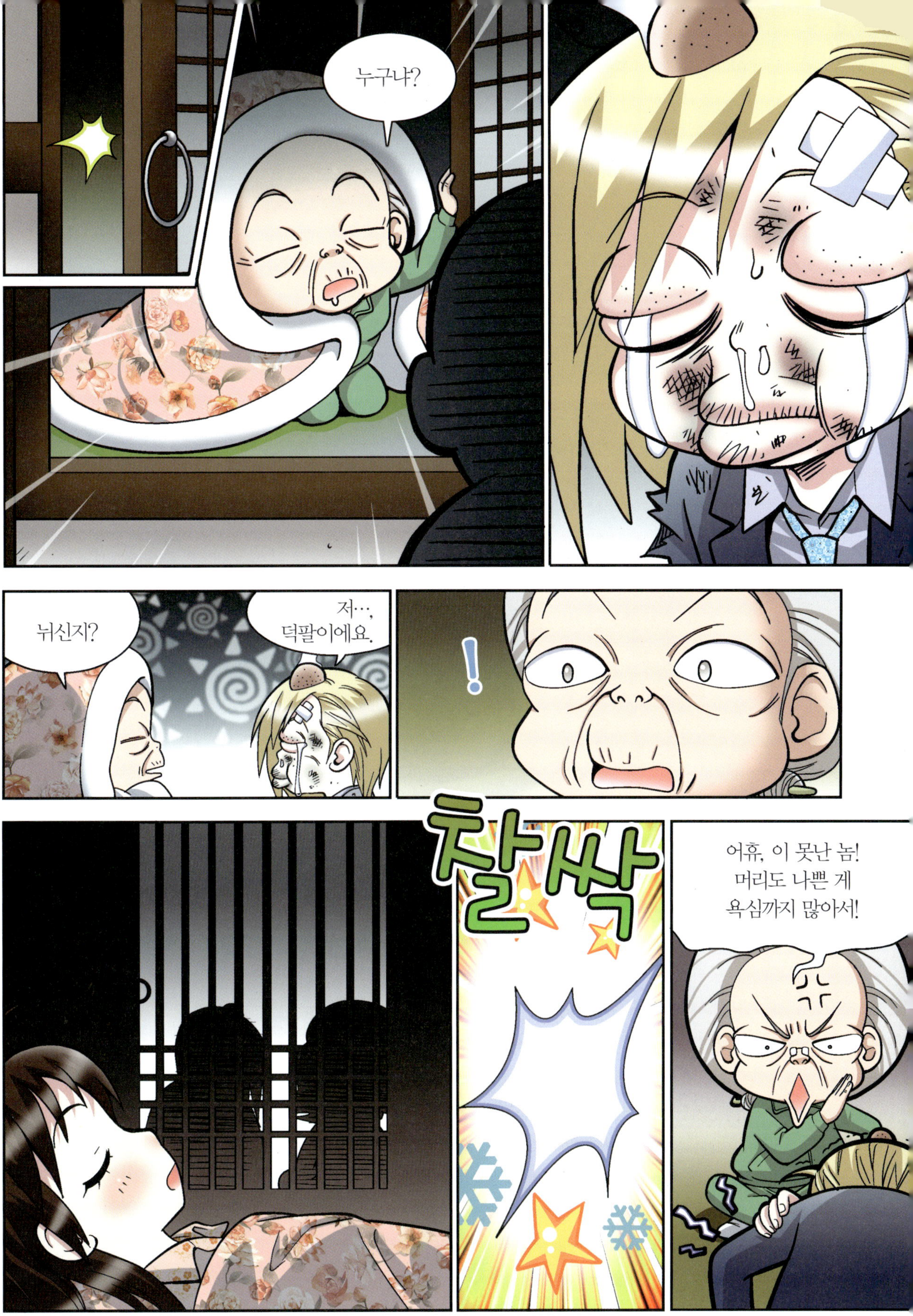

누구냐?

뉘신지?
저…, 덕팔이에요.

!

찰싹

어휴, 이 못난 놈!
머리도 나쁜 게
욕심까지 많아서!

그럼 교장…,
아니 내금의장은
어떻게 됐느냐?

파ㅅ
으악~
추우욱

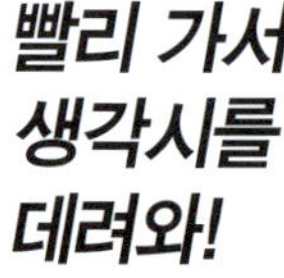

빨리 가서
생각시를
데려와!

피융~
그전에는
내금의장을
절대
풀어 주지
않겠어!

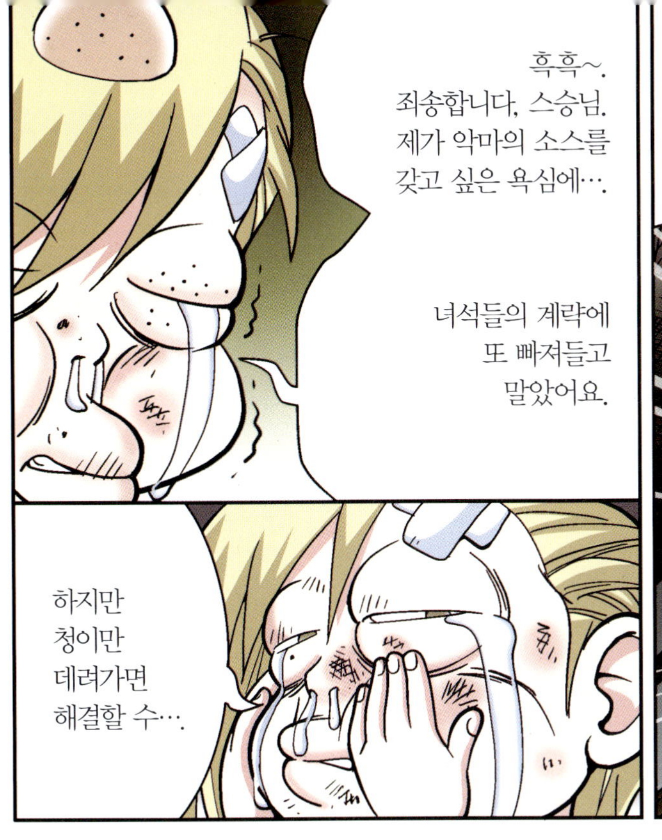
흑흑~.
죄송합니다, 스승님.
제가 악마의 소스를
갖고 싶은 욕심에…

녀석들의 계략에
또 빠져들고
말았어요.

하지만
청이만
데려가면
해결할 수…

그건 절대
안 된다!

어떻게 아비를
살리겠다고 자식을
보낸단 말이냐?

왜요?
심청이도 있고
'미녀와 야수'라는
동화에도
그런 얘기가
나오잖아요.

으아앙~, 그럼 어떻게
합니까? 세자마마까지
위험해지실 텐데요!

딱
딱
딱

설마
그렇게까지?

아니에요!
걔네들이
얼마나
나쁜 녀석들
인데요!

조선 의궤의
비밀을 풀어낼
수만 있다면
무슨 짓이든
다 할 거예요!

엉엉

청이는
못 데려가요!

절대!

세…, 세자마마!

서…, 설마 다 듣고 있었나?

아~함

풀썩
뿅

아이~, 깜짝이야.
잠꼬대였어요?
원래 이렇게 잠버릇이 안 좋아요?
오늘 불량 식품을 많이 먹어서 그런가 보네.
쿵 쿵

청이를 보내기만 해 봐…!

제2화
절대 용서하지
않겠다!
세자마마부터
방으로 옮기자.
내게 좋은
생각이 있거든.
무슨
생각이오?
끼
이익
으악! 스승님,
뭐 하시는 거예요?

감쪽같지? 일단 교장부터 구하자!
뭐가 감쪽 같아요?

할머니인 거 다 티가 난다고요!
이놈이 감히 스승을 놀려?
스승님은 절대 청이처럼 될 수 없으세요.

한마디만 하셔도!
이런 우라늄 창난것!
꼴뚜기 젓갈 같은 놈아!

말끝마다 욕이라고?
으악~ 이것 봐!

제가 가겠사옵니다···.

짜
잔
기가 막히네!

다 집어 치우세요!
뾰족한 수가 생길 때까지 조금 더 기다릴게요!
완벽한 방법인데….
그죠?

교장 선생님이 걱정이네요.

에고~ 허리야
너무 걱정 말거라. 이보다 더한 일도 잘 헤쳐나간 사람이다.
곧 돌아올 것이다.
제발 그랬으면 좋겠어요.

늦었으니 어서 자거라.
세자마마, 청이를 생각하는 마음이
각별하시군요.

며칠 후
청이야!
탁 탁 탁
청아!

헉…, 헉…, 여기 있었네.
앗, 빵 도련님!

아침 댓바람부터 어쩐 일이신지요?
댓바람? 그건 무슨 바람이니?
바람이 아니라 '아주 이른 시간'이라는 뜻입니다.

아침부터 여긴 웬일이야?
설마 이 시간부터 우리 청이한테 데이트 하자는 건 아니겠지?
한울이도 있었네.
이게 왔어! 초청장!

초청장? 그렇다면!

도련님! 요리스타 세계 대회 초청장이 드디어 도착했군요!

저긴
내 자리인데 말이야.
얄미워~!

꼭 빼앗고
말 테다.

가연 언니, 아직
포기하지 않았어.

이제 세계 대회가 얼마 남지 않았구나.
선생님은 우리 친구들이
잘할 거라고 믿어!

하지만
잊지 마!
적을 알고
나를 알면?

'백전불패'라고
했습니다!

끄 덕

맞아! 그런 의미에서
세계 요리를
공부해 보자.

징~

세계 각 나라에는 대표적인 음식들이 있어. 이탈리아는 피자, 인도는 카레, 일본은 초밥이 유명한 것처럼 말이지.

세상에는 왜 이렇게 다양한 음식이 있는 걸까?
그러게 말이옵니다. 저는 김치 하나면 끝나는데요.
그건 사람들이 저마다 먹고 싶은 게 다르니까 음식 종류도 많아진 게 아닌가요?

그렇지 않아. 지역별 문명과 역사, 민족의 특성 등이 고루 어우러져 지구촌 각국의 음식 문화를 만든 거란다.
하지만 그중에서 가장 큰 원인은 바로 기후야.

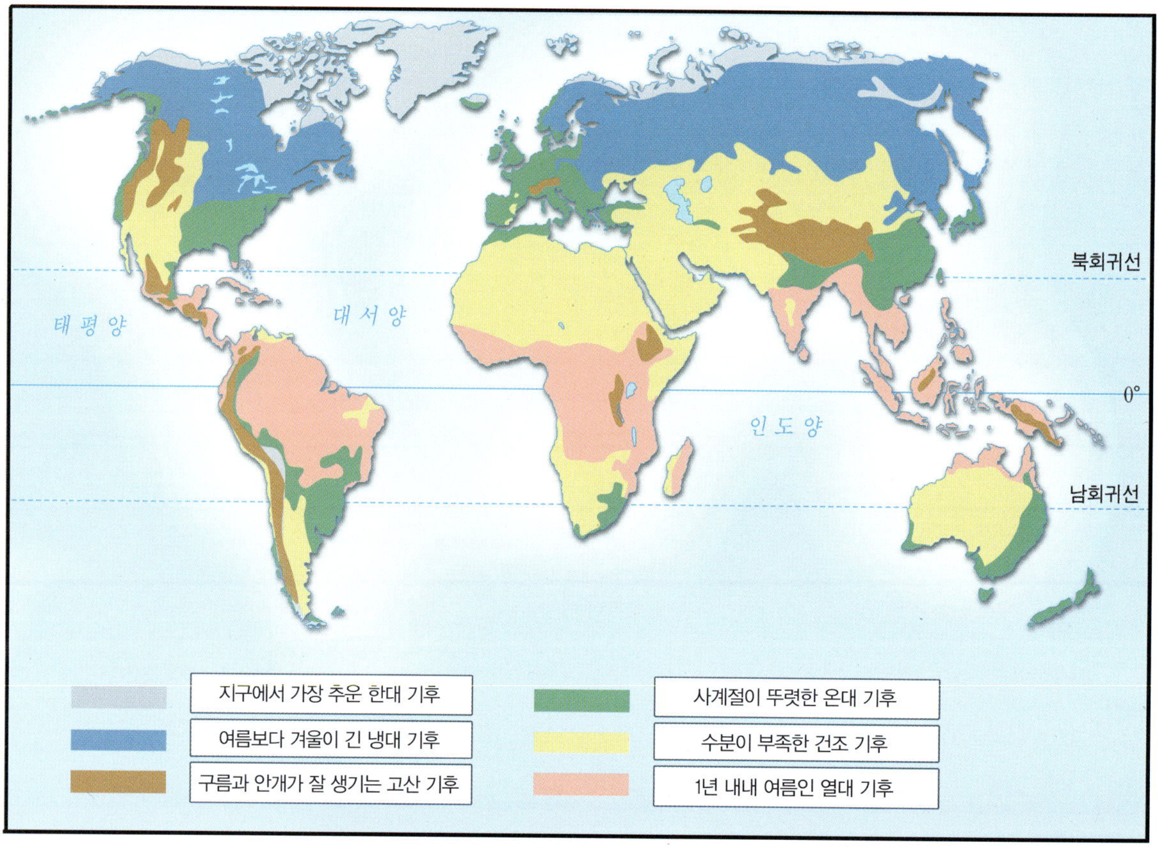

북회귀선
0°
남회귀선
태평양
대서양
인도양
지구에서 가장 추운 한대 기후
여름보다 겨울이 긴 냉대 기후
구름과 안개가 잘 생기는 고산 기후
사계절이 뚜렷한 온대 기후
수분이 부족한 건조 기후
1년 내내 여름인 열대 기후

기후란 일정한 지역에서
장기간에 걸쳐 나타나는
날씨의 평균적인
상태를 말해.

각 나라가
어떤 기후냐에 따라서
음식 문화도 특징을
지니게 되는 거야.
사계절이 뚜렷하고
기후가 따뜻한 온대 기후에
속하는 나라는
음식의 종류가
다양하단다.
온대 기후에
속하는 음식은
어떤가요?

주로 채소나 곡류를
많이 사용하고,
향신료를 적게 쓰지.

또 음식의 종류가
가지각색인 만큼
조리법도 다양해.

한대 기후에 속하는
나라의 음식은
날씨가 추운 만큼
조리 과정이
간단한 편이야.

주로 유제품이나
생선으로 음식을
만들기 때문에
싱겁거나 담백한 맛이
특징이란다.

YOGURT

열대 기후에 속하는
나라의 음식은
대부분 과일을
재료로 사용해.

열대 기후는 기온이 높아
음식이 쉽게 상하기 때문에
향신료를 많이 넣어서
오랫동안 보존하게 했어.

아~! 우리나라도 남쪽은 음식이 짠 편인데 북쪽으로 갈수록 간이 싱거워지는 것과 같은 원리겠네요?
그렇지! 짠 음식은 오래 보관할 수 있거든.
콩
청이가 누구냐?

아저씨들은 누구세요?
대체 누구시길래 함부로 수업 중에 들어오십니까!

생각시 청이는 어디 있느냐?
이 사람들이? 커헉!
엄마야!
휘리릭
선생님?!

이런 불한당 같으니라고!

청이는 나요!
그런 댁들은
뉘시오?

쿵

네가
정말
청이냐?
좋다!

크리스탈 님의
편지를 읽어
주겠다!

덜 컹

내가
너의 아빠를
붙잡고 있다!

네가 온다면
풀어 준다고 했거늘,
아직도 안 오는 걸
보니…

넌 아빠를
사랑하지 않는
모양이구나!
하하하!

네게 한 번 더 기회를 주겠다.

이번 요리스타 세계 대회에서 날 꺾는다면 아빠를 풀어 주마!
그러나 네가 진다면, 순순히 우리에게 와서 조선 의궤를 해독하기 바란다!

단, 이번이!
네가 아빠를 볼 수 있는 마지막 기회가 될 것이다!
탁
히익?

부
우
이게 웬 자다가 봉창 두드리는 소리?
엇지 다!

솟아라,
100년 묵은
조선 산삼의 힘!
슈웅
슈웅

털 썩

후훗,
제법이구나.

팡
팡

만약
우리 아버지께
무슨 일이라도
생긴다면
널 절대
용서하지
않겠다!

정혜정 선생님의 요리 교실

"이런 우라늄 창난젓 꼴뚜기 젓갈 같은 놈아!"

할머니가 외친 욕 한마디가 아직도 귓가를 맴돌아요. 욕에 젓갈 이름이 자주 나오는 걸 보니 할머니는 젓갈을 엄청 좋아하시나 봐요. 젓갈은 창난젓이나 꼴뚜기젓 말고도 오징어젓, 명란젓 등 종류가 매우 다양하지요. 오늘은 그중에서 명란젓을 넣은 떡국을 만들어 볼까요?

명란 떡국

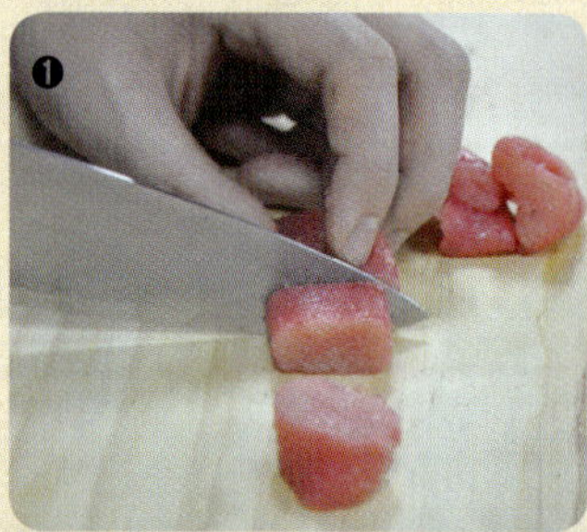

재료 떡국 떡 100g, 달걀 1개, 대파 10g, 마늘 10g, 김 1/4장, 명란젓 40g

❶ 명란젓을 한 입 크기로 자른다.
❷ 마늘은 다지고 파는 채썬다. 가위로 김을 가늘게 잘라 고명을 준비한다.
❸ 냄비에 물과 명란젓을 넣고 3분 정도 끓인다.
❹ 다진 마늘과 떡을 넣고 5분 정도 더 끓인다.
❺ 달걀이 뭉치지 않게 잘 풀어서 익힌다.
❻ 파와 김을 올려 완성한다.

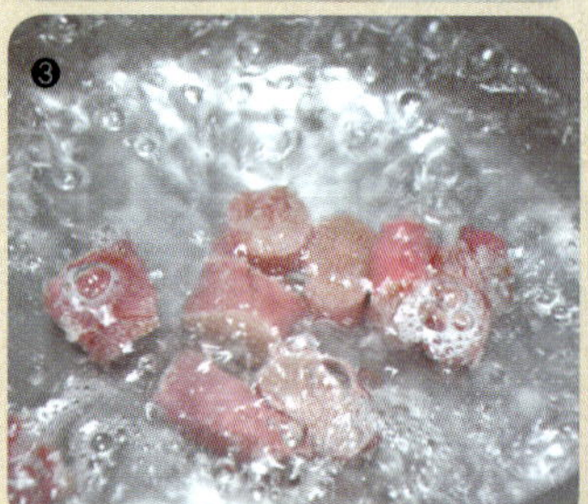

잠깐!

▶ 떡국을 오래 끓이면 명란젓이 푹석해져요. 그래서 최대한 짧은 시간 안에 조리를 하는 게 좋아요. 달걀을 풀 때는 흰자와 노른자를 절반 정도만 섞어야 모양이 예쁘답니다.

버릴 것 하나 없는 명태!

1~2월이 제철인 생선, 명태! 명태는 이름이 19개나 있을 만큼 먹는 방법도 다양하다. 그중에서도 젓갈 형태로 만든 음식이 대표적이다.

젓갈은 어류나 갑각류, 연체류를 소금에 절여 만든 음식이다. 명태의 알로 만든 명란젓은 비타민 A가 풍부해 시력 보호와 피부 건강에 좋다. 창난젓은 명태의 창자로 만든 것으로, 칼슘 성분이 많아 골다공증을 예방하는 데 좋다. 또한 명태 아가미는 아가미 젓갈로, 명태 머리는 귀세미 젓갈로 만들어 먹는다. 이렇게 명태는 머리와 꼬리, 살, 내장 등 모든 부위가 식재료로 쓰이기 때문에 하나도 버릴 것이 없는 생선이다.

반찬에서 요리로, 명란젓의 변신!

짭조름한 맛이 일품인 명란젓은 일본인들의 입맛을 사로잡은 한류 음식의 대표 주자다. 최근에는 밑반찬에서 요리로 변신한 명란젓 메뉴들도 소개되고 있다. 조미김에 소금 대신 잘게 뿌리거나 뚝배기, 비빔밥, 계란말이는 물론 크림 파스타나 찹쌀떡에도 명란젓을 곁들인다. 이렇게 명란젓을 이용할 경우 따로 소금을 쓰지 않고도 간을 맞출 수 있어 조미료의 맛을 최소화할 수 있다.

또 명란젓을 더욱 건강하게 즐길 수 있는 '저염 명란'도 개발되고 있다. 일반적인 명란젓의 염도는 7~15%인데 '저염 명란'은 4% 정도라서 저염식이 필요한 환자들도 명란젓을 즐길 수 있다.

제3화
크리스탈의
위험한 제안
너,
정말….
겁이 없구나!
나 크리스탈에게
덤비는 걸 보면!
또각
아얏!
핑
핑
핑

앗!
빵 도련님?
파
이게 뭐야?
핑
앗
우읍!
핑
핑
핑

타
타
탁

히힉!

훌렁
훌렁

엄마야~!
나한테
왜 이래?

훗~, 이제
겁 좀 먹었겠지?
이런 요망한 것!
어디서 이런 술수를!
뭐야!
아직도 기가
죽지 않았어?

멈춰라!
슈
웅
깡
깡
깡
깡
깡
파 악
아뵤~!
홋홋홋!

그만하래도!
할머니….

공격을 막다니!
마담은 누구지?

뭐? 마담?
이 코딱지만 한 녀석아!
앗! 말로만 듣던 그 욕쟁이 할머니구나!
난 청이 할미다!

요리사라면 요리로 승부를 해야지!
먹을 것 갖고 장난치면 못써!

단, 아까 네가 말한 조건은 들어 주마!
헉!

하…, 할머니?
청이 넌 잠시 빠져 있거라.
단, 우리 청이가 요리스타 세계 대회에서 널 꺾는다면 청이 아빠는 물론, 훔쳐간 조선 의궤도 내놓거라!
뭐야, 조선 의궤까지?
지금 무슨 소리를 하고 있는 거지?
조선 의궤는 우리 조상님들이 물려주신 소중한 문화재다. 너희들은 갖고 있어도 소용없잖아!
까막눈이니까!
뭐야! 까막눈? 아, 진짜!
그러는 당신들은 프랑스 어 할 줄 알아?
봉주르~ 꺄드 모야델 레르니 보쿠
으윽~, 욕쟁이 할머니! 듣던 대로 보통이 아니군.
좋아!

약속하지!
단, 날 만나기 전에 탈락해도 지는 거야!
훗, 알겠다!

가자!
예~! 크리스탈 님!

아, 참! 생각시!

몸이 자유로울 때 마음껏 즐기시지?
머지않아 내 시중이나 드는 시녀가 될 테니 말이야. 까르르르~!

텅

부~웅

할머니!
이대로 보내면
어떡합니까?
아버지가
어디
계시는지는
알아야지요!
가만있거라.
나에게도
생각이 있다.

크리스탈,
각오해라!

M⋮BL 4603

끼익
깜짝이야!
뭐야?

저기에…

뭐지?

아마,
내가 도움이
될걸~!

나는 청이가
세상에서 가장 싫거든!
무슨 뜻인지 알겠지?

!

내 전화번호는
010-△△XX-☆☆12야.
언제든지 연락해!

붕

흑흑흑~!
이제 그만 눈물을 멈추어라.
흑흑…. 어떻게 만난 아버지인데요. 소녀의 불효를 어찌 살아생전에 다 갚겠습니까?

그 코딱지를 이기면 다 해결된다! 오늘부터 널 훈련시킬 선생님도 특별히 모셔왔다.
?

짜잔~!
바로 나야!

댁은 대체 누구 편이냐고?
미안….

시작해라!
예!
간단한 문제부터 내겠습니다.

요리사가 맛있는 요리를 만들기 위해서는 무엇이 가장 중요할까요?
맛있는 양념이 필요합니다. 그리고 장을 잘 담가야 합니다!
신선한 재료도 중요하겠지.

모두 맞는 말씀입니다.
하지만 오늘의 정답은 여러분 앞에 있는….

기름입니다!

우리가 자주 먹는 요리는 대부분 조리할 때 기름을 많이 씁니다.
그런데 재료를 어느 정도 온도에서 튀겨야 하는지, 어떤 기름으로 튀겨야 하는지는 정확히 모르시죠?

네~!

아마 이것도 모르실 겁니다. 콩기름은 어떻게 만들까요?

'정제유'와 '압착유'

콩기름 제조 과정

요리할 때 쓰는 기름은 콩에서 뽑아내는 방법에 따라 '압착유'와 '정제유'로 나뉜다. 압착유는 콩을 달달 볶은 뒤 힘을 가해 눌러 짠 기름이다. 물리적인 힘을 이용한 것으로, 원재료인 콩의 성분들이 기름에 그대로 들어 있다. 압착유는 열에 약하고 쉽게 상하기 때문에 짜낸 후 빨리 먹어야 맛과 향이 좋고 영양까지 골고루 섭취할 수 있다. 압착유에는 들기름, 엑스트라 버진 올리브유 등이 있다.

반면 정제유는 콩에 '헥산'이라는 화합물을 넣어 기름 성분을 뽑는 방식이다. 압착 방식으로는 콩에서 많은 양의 기름을 뽑아내기 어렵다. 그래서 헥산이라는 유기 용매를 사용해 기름 성분만 뽑아내고, 다시 여러 화학 과정을 거쳐 정제해 식용유를 만든다. 이 과정에서 콩에 든 필수 영양소는 대부분 사라지고 순수 기름만 남는다. 정제유는 오래 보관할 수 있고 비용도 저렴해 감자칩이나 비스킷, 치킨, 라면 등에 널리 사용되고 있다.

기름을 짜고 남은 '탈지대두'에는 단백질이 고스란히 남아 있어 간장으로 만들 수 있다. 또 탈지대두에 인공 처리를 해 단백질 함량을 높이면 '대두단백'이 된다. 대두단백은 햄이나 미트볼, 맛살 등을 만드는 데 사용한다.

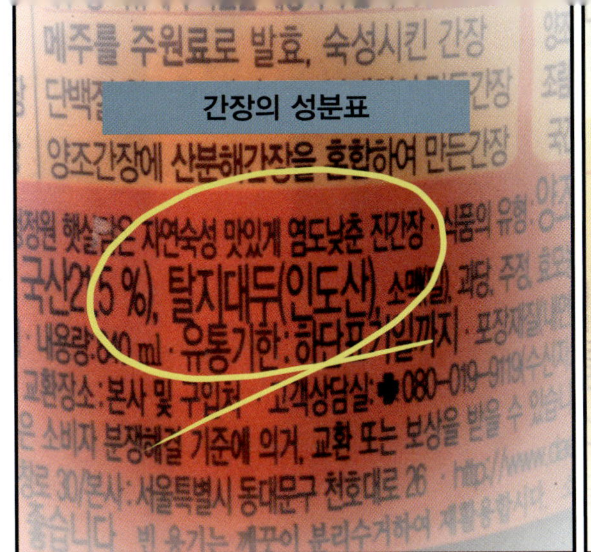

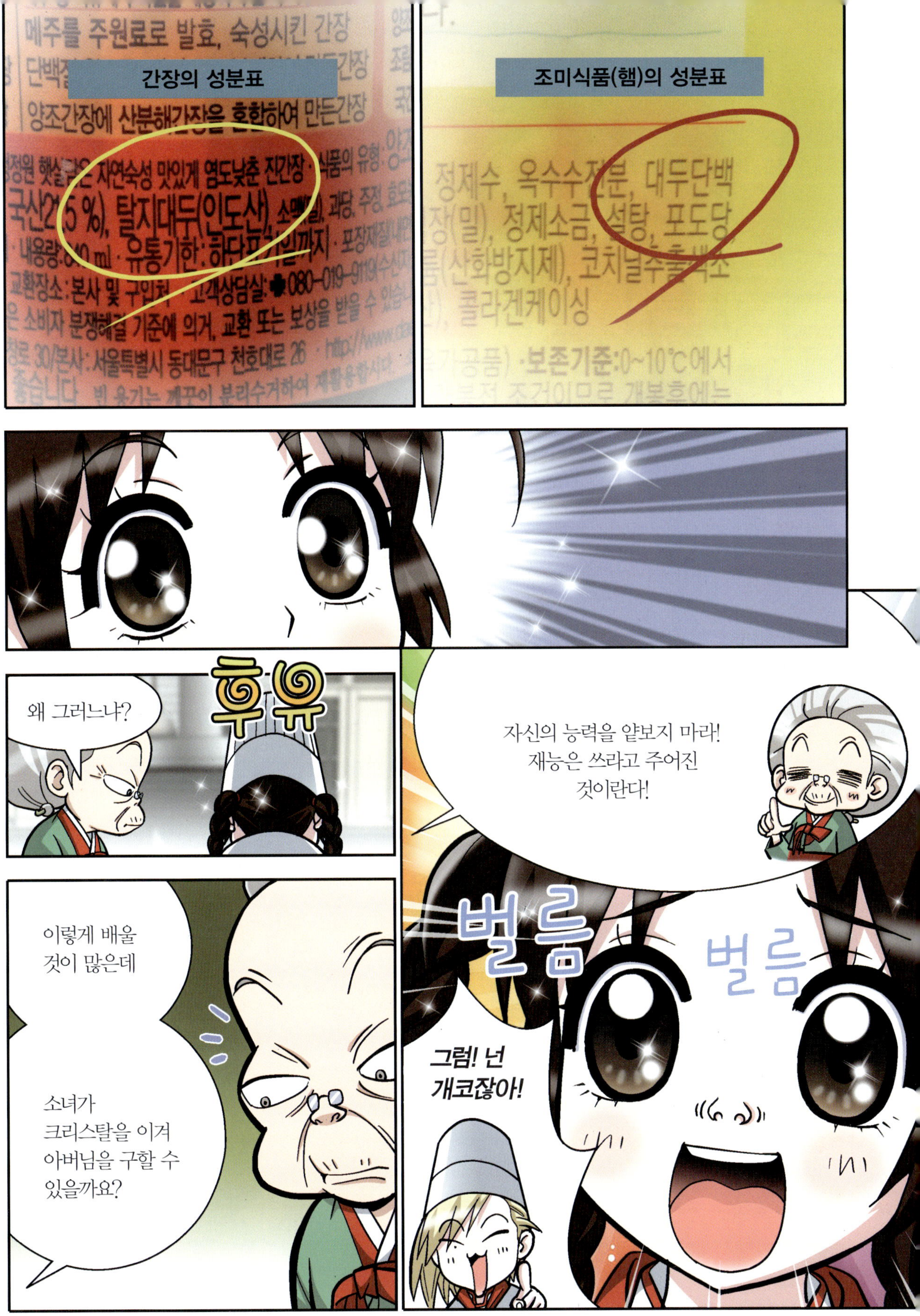

간장의 성분표
메주를 주원료로 발효, 숙성시킨 간장
양조간장에 산분해간장을 혼합하여 만든간장
정원 햇살담은 자연숙성 맛있게 염도낮춘 진간장
국산(21.5 %), 탈지대두(인도산), 소맥밀, 과당, 주정
·내용량·○○○ ml · 유통기한 : 하단표기일까지 · 포장재질
·교환장소 : 본사 및 구입처 · 고객상담실 · ☎080-019-○119
소비자 분쟁해결 기준에 의거, 교환 또는 보상을 받을 수 있습
로 30/본사 : 서울특별시 동대문구 천호대로 26 · http://www.

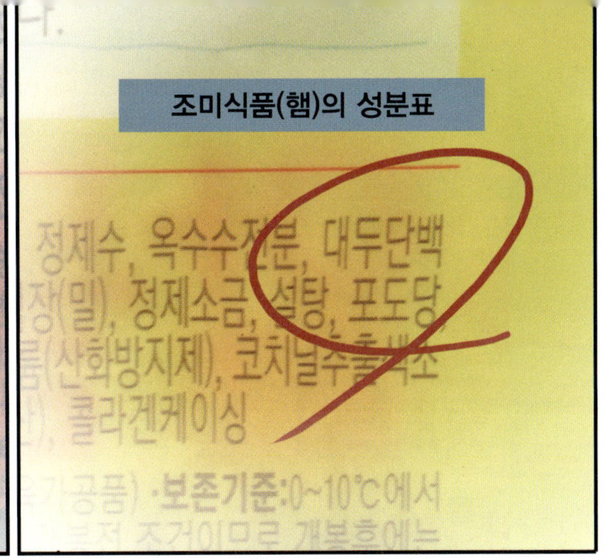

조미식품(햄)의 성분표
정제수, 옥수수전분, 대두단백
장(밀), 정제소금, 설탕, 포도당
름(산화방지제), 코치닐추출색소
콜라겐케이싱
가공품) ·보존기준 : 0~10℃에서
보전 조건이므로 개봉후에는

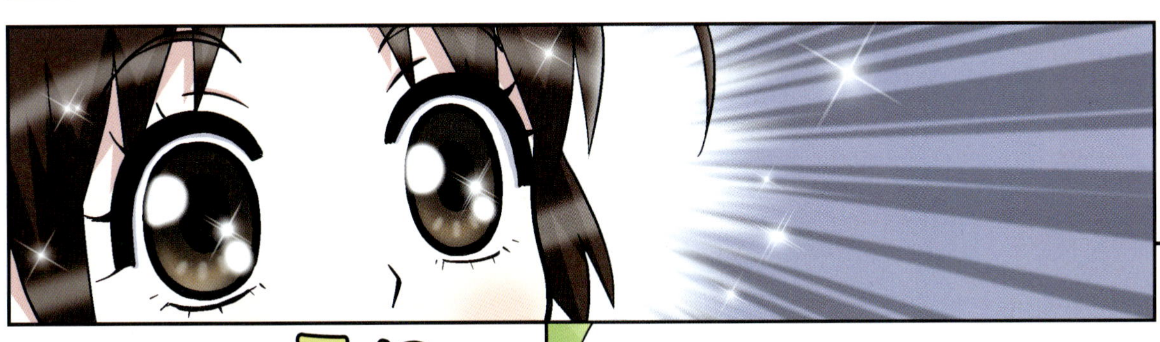

후유
왜 그러느냐?
자신의 능력을 얕보지 마라!
재능은 쓰라고 주어진
것이란다!
벌름
벌름
이렇게 배울
것이 많은데
소녀가
크리스탈을 이겨
아버님을 구할 수
있을까요?
그럼! 넌
개코잖아!

제4화
개코의
치명적 단점

그럼 다음 문제!

이것은 한 해
약 2000만 톤 정도
생산돼요.

코코넛과 커피, 차, 담배의
생산량을 모두 합친 것보다
많은 양이지요.

지구상에서 가장 오래된
식품 중에 하나인 이것은
무엇일까요?

20,000,000t

저요! 정답은 빵이옵니다!
쩍
땡이옵니다, 땡!
광~
?
?
?

도저히 모르겠사옵니다.
그럼 공부를 해야지.
어디서요?

마트에서!
마트?
a
쩍

어서 오십시오
a mart
즐거운 쇼핑 되십시오

세상에나!

큰일이네….
마트에 이렇게 음식이
많은데 이 중에서 정답을
찾아낼 수 있을까?

영차
영차

이게 다
뭡니까?
일주일치
내 식량!

탄산음료는
안 돼요!
네가 할머니야?
안 된다면
안 되는 줄
알아요!

뻥
이 양반이….!
어?

저기 청이랑
한울이 맞지?

힉
아는 척 하지 마!
어, 왜?
몰라서 묻냐, 쳇!

가연이 너, 아직도 요리스타 대회에서 2등 한 것 때문에 속상하구나?
쳇
아니라면 거짓말이겠지.

그러고 보니 너도 진짜 짜증나!
내가 뭘?

요리스타 대회 결승전의 판정은 잘못됐어!
그때 왜 강하게 항의하지 않은 거야?

오호라~. 그런 의미였군.
걱정 마, 가연아. 난 널 위해 뭐든지 할 수 있으니까!

후훗~,
난 또 뭐라고….
어제 뉴스 봤어?
그런 거 안 봐!
498

가연아, 이번 요리스타 세계 대회는 우리나라에서 열린다는 거 몰라?
요리스타
WORLD

쳇, 그게 나랑 무슨 상관인데?

대회 개최국은 한 팀 더 참가할 수 있는 혜택이 주어지거든.

즉 2등인 우리는 한국 B팀으로 참가한다는 말씀!

꺄아악~! 이 바보야! 그걸 왜 이제 얘기해!

꼬옥

아… 아니 그렇게 좋아?

가연아, 내가 널 위해 우리 할아버지를 얼마나 졸랐는데…!

대회도 우리 할아버지 호텔에서 할 거야!

지글

지글

맛있는 스폼햄 드세요!
오늘 특별히 할인된 가격에 드립니다!

샤샥

앗, 햄이 다 어디 갔지?

만두 드세요!
샥
비엔나 소시지!
샥
라면 드세요!
샤샥

정크 푸드는 이제 그만 좀 먹어요!
냠냠냠, 천국이 따로 없구나~!

♬ 띠리!
정답은 찾았니?
정답은 무슨! 이렇게 어려운 문제를 소녀가 어찌 아옵니까!
따 따 따
오호~, 그럼 힌트 하나 더!

이 식품 중에는 쥐가 파먹은 듯 구멍이 생기는 녀석도 있지.
그러면 사람들이 더 좋아해.

쥐가 파먹은 것 같은데 더 좋아한다고요?
이 무슨 황당무계한 소립니까?

치즈구먼!

그게 무엇인지요?
검색을 좀 해 보겠사옵니다.
치즈는 1년에 약 2000만 톤이 생산되는데, 지구상에서 가장 오래된 식품 중 하나이며…
그렇고말고.

치즈는 성경에도 기록돼 있을 만큼 세계에서 가장 오래된 발효 유제품이야. 서양 식단에서 빼놓을 수 없는 중요한 식재료지!

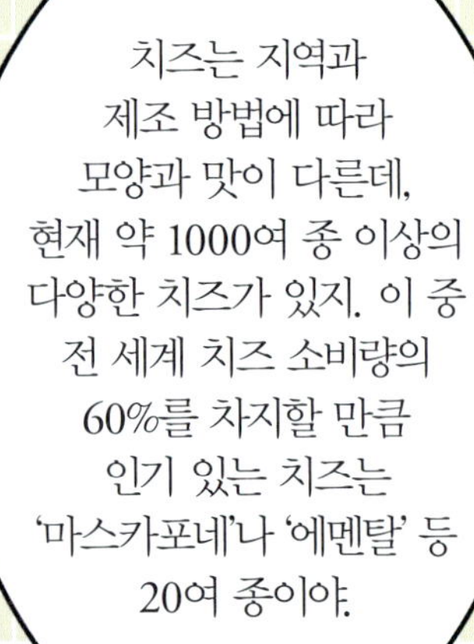
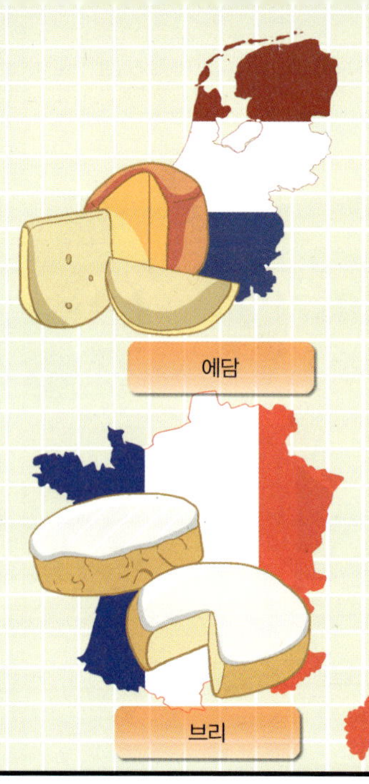

요리조리 과학 이야기

치즈의 구멍은 누가 뚫은 걸까?

동그란 구멍이 퐁퐁! 쥐가 파먹은 듯 구멍이 있는 것이 특징인 에멘탈 치즈는 스위스의 대표적인 치즈다. '치즈 아이(cheese eye)'라고 불리는 이 구멍은 치즈를 만드는 과정에서 넣는 '프로피오닉 박테리아' 때문에 생긴다.

치즈를 만들 때는 먼저 액체 상태의 우유에 '레닌(송아지의 위에서 추출한 효소제)'을 넣어 고체 상태로 응고시킨다. 레닌에는 단백질 효소가 들어 있는데 이 성분이 우유 속 '카세인'이라는 단백질 분자들을 서로 엉겨붙게 해서 부드러운 젤 형태로 만드는 것이다.

이후 응고된 우유를 22℃ 환경에서 4~5주간 숙성시키는데, 이 과정에서 우유를 치즈로 발효시키는 것이 바로 프로피오닉 박테리아. 프로피오닉 박테리아는 온도가 따뜻한 숙성실에서 빠르게 성장한다.

시간이 지나면서 박테리아는 그 수가 늘어나고 이산화탄소의 양도 점점 늘어나는데, 마치 풍선을 불듯이 치즈 안에 공기 주머니가 만들어진다. 이산화탄소가 많이 나올수록 공기 주머니가 커져 결국 터지게 되고, 이때 치즈 아이가 생긴다. 구멍의 크기는 지름 2~4cm 정도로, 앵두 또는 호두알 만하다.

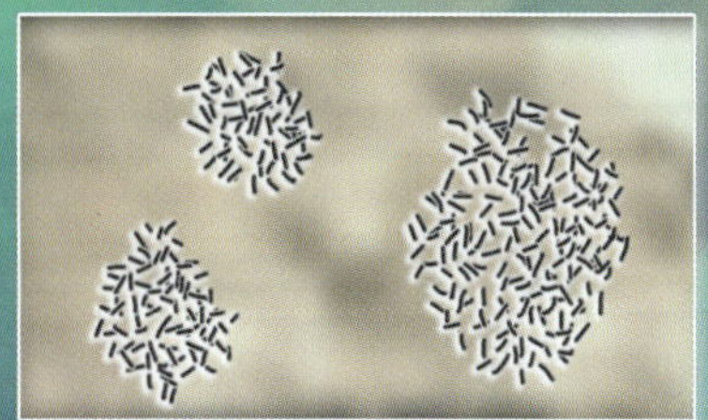

치즈가 발효될수록 '프로피오닉 박테리아'의 수가 늘어난다.

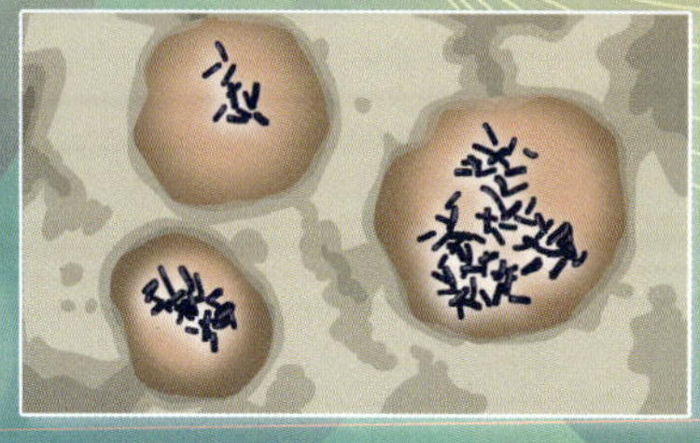

프로피오닉 박테리아가 내뿜는 이산화탄소가 많아지면 공기 주머니는 터지고 구멍이 생긴다.

하나 먹어 보렴!
흠…, 구린 냄새가 나옵니다.
프랑스산 카망베르 치즈란다. 김치에 비유하면 젓갈 가득 넣고 푹 익힌 묵은지 같은 맛이랄까?

마침 오늘부터 할인 행사 중이거든~!
카망베르에 체다 치즈까지 합쳐서 한 개 가격에 줄게.
빵에 얹어서 먹어~!
죄송하지만…
제 입에는 안 맞는 것 같아요….

?
살~살
킁 킁 킁
에그머니?
파스타 드셔 보세요!
연어 크림 파스타입니다!
팍 팍

벌렁
벌렁
아…, 안 돼!
피…, 피…

피하…, 십시오!
에…

왜 그러니?
얼굴이 빨개진 걸 보니
열이라도 나는 거야?
에…, 에…,
그게 아니라…
제가…, 백 년 묵은…,
산… 산삼을 먹어서…
산삼?
에…, 에…

에
츄
에 츄 에 츄

어머나!

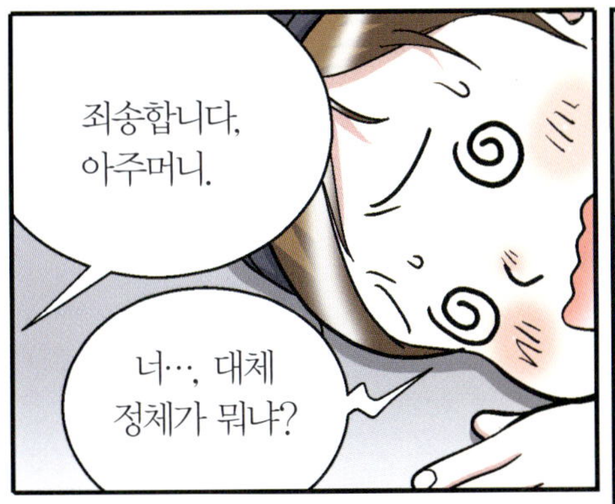
죄송합니다, 아주머니.
너…, 대체 정체가 뭐냐?

소녀의 코가 너무 예민해서…

후추 냄새만 맡으면 맥을 못 추옵니다.
에 츄
에 츄
에 츄

오호! 그렇단 말이지?

정혜정 선생님의 요리 교실

구수한 냄새가 특징인 치즈! 그런데 냄새도 거의 나지 않고 입에서 살살 녹을 정도로 부드러운 치즈도 있어요. 바로 크림치즈랍니다. 크림치즈는 주로 과자나 빵에 발라먹거나 케이크로 만들어 먹지요. 제과점에서 사 먹던 맛있는 '크림치즈 무스 케이크'를 집에서 직접 만들어 봐요!

크림치즈 무스 케이크

재료 크림치즈 50g, 생크림 200ml, 설탕 20g, 판 젤라틴 1장, 카스텔라 1개, 초코 과자 1개

❶ 생크림에 설탕을 넣고 주르륵 흐를 정도가 될 때까지 휘젓는다.

❷ 초코 과자를 굵은 가루 형태로 부순다.

❸ 판 젤라틴은 찬물에 담가 10분 정도 불린 뒤 전자레인지에서 30초 정도 데운다.

❹ 데운 젤라틴을 크림치즈, 생크림과 함께 섞는다.

❺ 카스텔라를 틀 밑에 깔고 그 위에 ❹를 붓는다.

❻ 20분간 냉동실에 넣었다가 꺼내 원하는 모양으로 잘라 먹는다.

잠깐!

▶ 생크림을 너무 많이 저으면 퍽퍽해질 수 있으니 주의하세요. 카스텔라 대신에 다른 빵이나 과자를 이용해도 좋아요.

고소하고 부드러운 크림치즈

쿠키나 빵에 자주 발라 먹는 크림치즈는 숙성시키지 않은 생치즈다. 일반적인 치즈는 우유에 단백질 효소인 '레닌'을 넣고 응고시킨 뒤 숙성해서 발효시키는데, 생치즈는 숙성 과정을 거치지 않고 만든다. 크림치즈는 일반 치즈와 달리 약간 신맛이 나고 끝 맛은 고소한 게 특징이다. 또 크림이 듬뿍 담겨 있어 맛이 부드럽고, 카나페나 샌드위치, 쿠키 등의 재료로 자주 사용된다. 크림치즈는 쉽게 상하기 때문에 밀봉해서 냉장 보관하는 것이 좋으며, 구입 후 최대한 빨리 먹어야 한다.

젤라틴은 찬물에서 불리세요!

'무스(mousse)'는 프랑스어로 '거품'이라는 뜻으로 무스 케이크는 거품처럼 부드러운 크림을 이용하여 만든 케이크를 말한다. 그런데 무스는 너무 부드러워서 케이크 모양이 잘 잡히지 않기 때문에 젤라틴을 넣어서 단단하게 만든다. 젤라틴은 동물의 가죽이나 힘줄, 연골 등을 구성하는 '콜라겐'을 오랫동안 끓여 만든 단백질 덩어리다. 이 때문에 뜨거운 물에 불리면 액체 상태로 돌아가서 모두 녹아 없어진다. 따라서 젤라틴을 사용할 때는 찬물에서 불려 고형의 겔 상태를 유지하는 것이 중요하다.

제5화
긴장을 극복하라!
콜 록
콜 록

훅
훅
여기도 있네!
여기도!
전부
사야지!

이게 다 뭐야?
후추!
청이의 약점을 노린
특수 후추 폭탄을
만들 거거든~♫
가연아,
너 설마….
이렇게나
많이 사?
응.

요리스타 세계 대회
일주일 전

각오는 됐느냐?
예. 마음의 준비는
다 끝났사옵니다.
옳거니. 이제부터는
아프지 않도록
몸 관리를 잘 하거라.
뜨응

그럼요!
제가 반드시
우승하여
수라간의
위엄을 보여
주겠사옵니다!
와르르
오~ 각오가!

전통 한정식
수
라
간
T.971-88**
달그락...
달그락
달그락

누구세요?
벌
컥

어?
사라졌네.

탁

대회 5일 전
... 달그락
... 달그락

누구야?
어? 또 없잖아.
이거 수상한데?
두리번
두리번

정말?
분명히 들었어요! 진짜!

달그락달그락. 부엌에서 나는 소리였어요.
너도 들었니?
소녀는 못 들었사옵니다.

엥?

왜 그런 눈으로 보세요?
범인이 너밖에 더 있겠냐?
무슨 말씀이세요!
전 이제 완전히 착한 사람이 됐다고요!

착해져? 에라이~! 십이색 색연필 같은 놈아!
널 믿느니 차라리 모기가 헌혈한다는 얘기를 믿겠다.
모기가 어떻게 헌혈을 해요?
그만큼 말이 안 된다는 소리지.
대회 3일 전
수라간
달그락…
달그락…

팟

귀신이면
물러가고
사람이면
돌아서라!

꾸억
꾸억

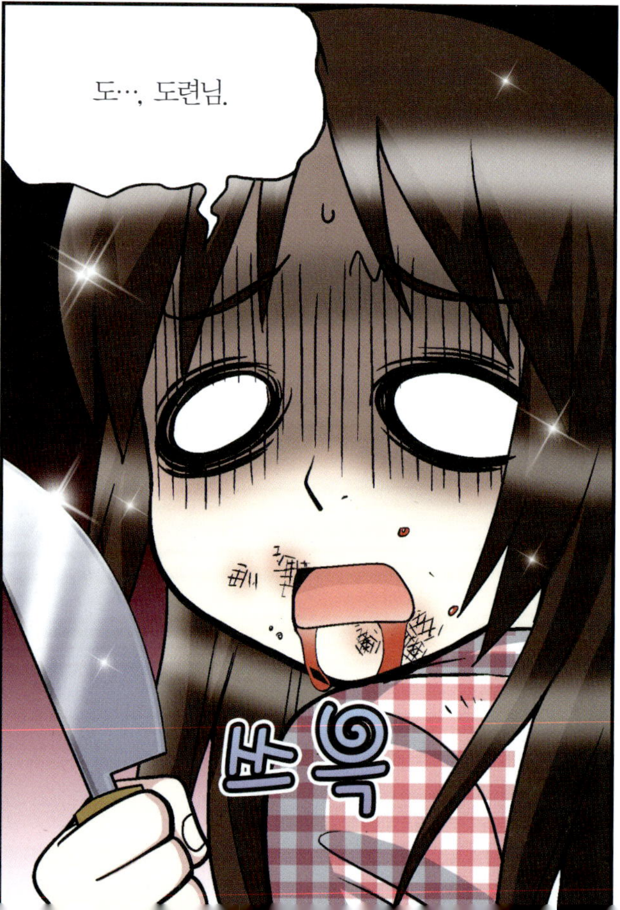
꼼짝 마!
잡았다!

오늘은 절대
안 놓쳐!

달그락…

달그락…

도…; 도련님.

쁘윽

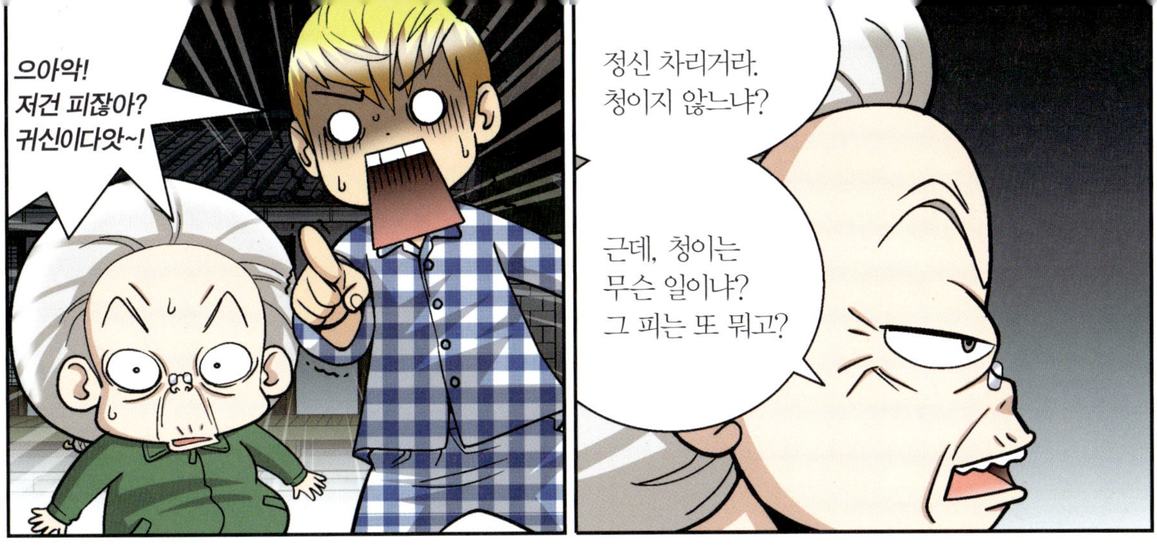

으아악!
저건 피잖아?
귀신이다앗~!

정신 차리거라.
청이지 않느냐?

근데, 청이는
무슨 일이냐?
그 피는 또 뭐고?

아, 이거요?
김치 국물이옵니다.

마침 김치를
썰고 있었습니다.

뭐야?

왜 이런 일을
벌였는지

이유를
말해 보거라.

저, 그게…

사실 요즘
배가 고파서
밤마다 자꾸
잠에서 깹니다.

뭐? 원래는 그런 버릇이 없었잖아?
네, 사실은….
소녀가 요리대회에 나가서 잘할 수 있을까 걱정되어 잠이 오지 않습니다.

그러고 보니까! 너!
그거 똥배 아냐?

말도 안 돼! 이 양반아! 이건 애교 배거든?
헤헤헤~, 청이 살쪘구나. 똥배 나왔대요~♬
음….

그렇다면…, '야간식이증후군'이구나!

잠자리에 들기 전, 또는 잠을 자다가도 일어나 음식을 먹어야 하는 상태! 쉽게 말해 '야식증후군'이다.

밤만 되면 왜 자꾸 배가 고플까? 야간식이증후군!

야간식이증후군, 줄여서 야식증후군이란 잠자리에 들기 전 또는 잠을 자던 중 일어나 음식을 먹어야 하는 상태를 말한다. 밤이 되면 습관적으로 배가 고프고 무언가를 먹어야만 잠에 들 수 있는 나쁜 습관이다. 원인은 아직 정확하게 밝혀지지 않았지만, 우울증이나 불안과 같은 스트레스의 영향이 큰 것으로 알려져 있다.

스트레스를 받으면 콩팥에서 '코티졸'이라는 호르몬이 분비되는데, 그러면 우리 몸은 반사적으로 행복한 감정을 느끼게 해 주는 신경 전달 물질인 '세로토닌'을 분비한다. 이 과정은 포도당이 필요하기 때문에 자기도 모르게 음식을 찾게 된다. 특히 달거나 짭짤한 음식을 먹고 싶은 충동이 강해진다.

밤에는 위와 장의 활동이 줄어드는 만큼 위에서 음식을 소화시키는 위산이 적게 분비된다. 따라서 늦은 밤에 음식을 먹게 되면 음식을 제대로 소화시킬 수 없어 소화 불량이 되거나 위염에 걸릴 수 있다. 또 밤에는 낮과 달리 부교감 신경이 작용해, 섭취한 열량이 대부분 지방으로 축적되어 살이 쉽게 찐다.

야식 습관을 극복하기 위해서는 규칙적으로 식사를 하고, 저녁 식사를 든든히 해 위장을 채우는 것이 도움이 된다. 무엇보다 중요한 것은 스트레스를 줄이는 것! 운동이나 취미 생활 등 자신에게 맞는 방법을 찾아 스트레스를 그때그때 해소하면 야간식이증후군에서 벗어날 수 있다.

하긴 부담이 클 수밖에.
조선 의궤도 찾아야 하고, 아버지도 구해야 하니….
걱정 말거라. 천지신명님이 살펴 주실 것이다.
힘내, 청이야! 언제나 네 옆엔 내가 있으니까!
탁 탁 탁

먹거리 A파일의 이엉돈 아저씨다!
학
사인해 주세요!

이 녀석들, 먹거리 A파일 진행자가 바뀐 지가 언젠데~.
하악
뿍스..
하여간 이놈의 인기는~!

그런데 아침부터 어딜 그렇게 바쁘게 가세요?
이엉 이엉

오늘 요리스타 세계 대회가 열리거든!
내가 또 사회를 맡았단다!

어머, 그럼 빨리 가셔야죠!
아직도 여기 있으면 어떡해요!
너희들이 불렀잖아.

참나….

와아
와
와아아
와아
요리사를 꿈꾸는 어린이 여러분, 안녕하세요!
드디어 요리스타 세계 대회의 화려한 막이 올랐습니다!
요리스타 WORLD
Cooking star chef

전 세계
100여 개국의
어린이들이
최고의
레스토랑 주방에
모여 벌이는
요리 대결!

꼬옥

각 나라를
대표하는 어린이
요리사들의 불꽃
튀는 승부를
기대해 주세요!

자, 오늘
요리스타
세계 대회
첫 번째
대결 팀은….

와아

와

먼저 한국 A팀!
국제조리영재
학교의
청이와
앨버트!

카레의 고장이며
약 12억 명의
인구 수를
자랑하는
인도의 대표 선수!
'타지마할' 입니다!

와아

와아
와

저건 뭐지?
양념장
일까요?

삐리리~
척
으아악~!
배, 뱀이다!
앗, 인도 팀이 가져온
항아리 속엔 애완동물
코브라가 있었습니다!
에그머니나!
이 양반들 보게!
벌써부터 예측이 어려운
상황이 펼쳐지는데요.
과연 인도 팀의 요리는
무엇일까요?

제6화
타지마할을 넘어라!
으아악! 뱀이다!
뱀이다!
혁혁… 뭐 저런 녀석들이 다 있지?
그러게 말입니다.
헤헤헤~, 메롱~!
이번에 바뀐 방식도 설명해 주세요!
아주 무례하기 짝이 없습니다.
날름
날름
아~, 오케이!

이번 요리스타 세계 대회는….

전 세계에서 예선을 거친 30개국의 대표 선수와 전년도 우승팀, 그리고 주최국의 특권으로 추가된 한 팀까지 총 32팀이 참가합니다.

두 팀이 대결을 해서 진 팀은 탈락하고, 이긴 팀끼리 대결을 펼치는 '토너먼트' 방식으로 진행됩니다. 그리고 최후에 남는 두 팀이 결승전을 벌이게 됩니다.

TROPHY

그러니까 한 번 지면 끝이라는 건가요?

조마
조마

이 녀석, 방송 중인 걸 모르나?

그렇습니다! 한 번 지면

바로 탈락!

그래서 더욱 긴장되는데요~♬

이건 정말 가혹하옵니다. 그렇지 않사옵….

아아….

어머, 왜 그러세요? 빵 도련님!

속이
쓰려서…

긴장했나 봐. 속이 쓰리네.
이를
어째요?

가서 우유
좀 사 올래?
우유 먹으면
좀 나아지거든!
아, 예~!

탁 탁 탁
청이야,
어디 가니?
곧 대회가
시작될 텐데!

우유 사러요.
빵 도련님이 속이
쓰리다 하셔서…
앨버트가?

앗!

앨버트 녀석 좀
이리 데려오거라.
우유는 사 올
필요 없다!

할머니, 저는 왜 부르셨어요? 꺼억~, 꺼억~.
속이 쓰릴 때 우유를 마시면 오히려 통증만 더 심해질 수 있다!
예?

우유를 마셔서 속이 편해지는 기분이 드는 것은 약알칼리성인 우유가 위산을 희석시키기 때문이다.

꽹~
그러나 이것은 호미로 막을 것을 가래로 막는 것! 이제 알겠느냐?

이런 멍청한 녀석!
그러니까 내 말은!
지금은 우유를 마시면 안 된다는 거잖아! 아직도 모르느냐?
그러니까 왜요?

잠을 자기 전이나 속이 쓰릴 때마다 우유를 마시면
위산이 많이 나와 더 안 좋아질 수 있기 때문이야.
아하~! 이제 알겠습니다!
빵 도련님도 모르는 게 있구나.

일단 이 약 먹고, 시합 끝나면 병원에 가 봐.
위점막 보호제
큐스
G
쓰림 / 위염 / 위궤양

똑 똑 똑

위산을 중화시키는 제산제

시험이나 대회를 앞두고 속 쓰림을 겪는 경우가 많다. 이럴 때 먹는 약은 제산제! 제산제는 스트레스로 인해 늘어난 위산을 중화시켜 통증을 완화시켜 준다. 그러나 위산을 완전히 중화시키지는 않는데, 위산이 우리가 먹은 음식물을 분해하는 중요한 역할을 하기 때문이다. 만약 위산의 양이 부족할 경우 소화가 안 되고 위장 질환이 생길 수 있다. 따라서 제산제는 필요 이상으로 분비된 위산을 줄여 적절한 균형을 유지하도록 돕는다.

제산제는 위산이 가장 많이 분비되는 때, 즉 식사를 하고 나서 1시간 후와 3시간 후, 그리고 자기 전에 복용하는 것이 좋다.

제산제는 위산이 식도로 역류하는 것을 막는 역할도 한다. 제산제가 위로 들어와 위산과 만나면 제산제에 들어있던 알긴산나트륨은 끈적끈적한 겔로 변하고, 탄산수소나트륨은 이산화탄소를 만든다. 이 이산화탄소와 겔이 섞이면 둥둥 떠올라 위와 식도 사이에 방어층이 된다. 이 방어층이 위산이 식도로 역류하는 것을 막는 것이다.

제산제를 먹지 않더라도 평소에 양배추를 자주 먹으면 속 쓰림을 예방하는 데 도움이 된다. 양배추에 들어 있는 비타민 U 성분이 위장 점막을 튼튼하게 해 주기 때문이다.

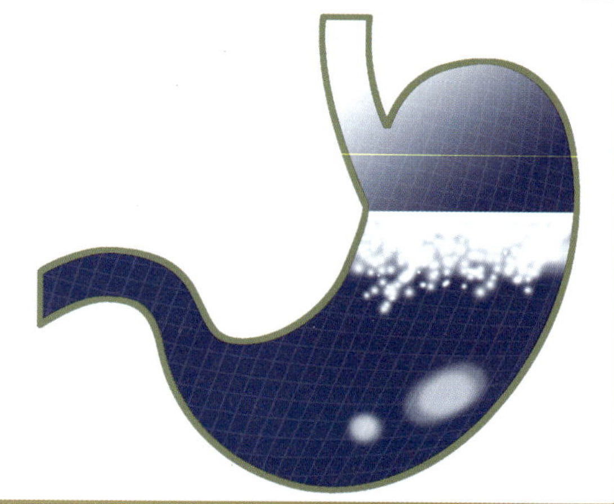

와장창

너 지금
뭐 하는 거야?
일부러
날 창피하게
하려는 거지!
아, 아닙니다.
그럴 리가요.
굽신
제가 금방
치우겠습니다.
굽신

아니, 저렇게
예쁘고 귀여운 애를
괴롭히다니….
얼씨구?

이봐!
같은 편끼리
너무하는 거
아냐?

쳇, 네가
무슨 상관이야?
이럴 시간 있으면
네 하녀나 잘 챙기시지.

옛날 궁궐에 있던 하녀들 중에 막내라고 하던데….

꾸벅
꾸벅
꾸벅
흥!
우리 인도에서 요리사는 대부분 평민인 바이샤 계급이 하는 일이지.
최고급 계급인 브라만이나 천민인 수드라는 요리사가 될 수 없어.
나같이 요리 천재인
특별한 브라만만 빼고!

지금 뭐라고 하는 겁니까?
인도에는 '카스트'라는 신분 제도가 있거든.
신분… 제도요?
카스트에 따르면 신분은 4개로 나뉘어. 브라만(승려), 크샤트리아(왕과 귀족), 바이샤(상인), 수드라(일반 백성 및 천민)가 있지.
그리고 카스트에도 속하지 못하는 '불가촉 천민'이 있는데, 이 계급의 사람들은 가장 힘든 일을 해.
브라만
크샤트리아
바이샤
수드라
사람들은 불가촉 천민과 닿기만 해도 부정해진다고 생각한다.

그렇군요.

한국 A팀 이겨라!
청아, 힘을 내! 슈퍼파~워!!
청이 이겨라!

사실 저도 다르진 않네요….

조선 시대로 다시 돌아가면 도련님은 제가 올려다볼 수도 없는 분이니까요….

자, 그럼 이번 요리스타 세계 대회의 첫 번째 대결을 시작하겠습니다!
대결은 총 두 번! 첫 번째는 요리와 과학 문제입니다!
Cooking st

그리고 다음은 자유 주제로, 각 나라의 특징이 담긴 최고의 요리를 해 주시면 됩니다!
그럼 첫 번째 문제가 담긴 미스터리 박스를 열어 주세요!

엥?

이걸로
뭘 하라는
거지?

여러분!
당황하셨어요?
하하하~!
이번 문제는
아주
간단합니다.
여러분 앞에
수박
한 조각이
있죠?
네.

제한 시간은
10분!

수박 조각을
더욱 달게
만드는 팀이
승리합니다.
단, 설탕은
사용하지
마세요!

이게 무슨 자다가
봉창 두드리는
말씀입니까?

뭐,
봉창?

이 녀석이!

한 수박에서 나온 수박 맛이
다 똑같지… 어떻게 다른 맛을
만들라고 하시는 건가요?

풋~!

그러니까 요리와
과학 문제지.

신중하게 생각해 보렴.

일단 수박을
랩에 싸!
예.

그리고 냉장고에 넣어.
과일은 차가워야 제 맛이지.
네.

우리도 냉장고에 넣자.
그리고…,
그리고?

척
수박에는 설탕보다 이거지!

수박에 소금을
팍팍 쳐!
지금 뭐 하시는
겁니까? 빵 도련님!

정혜정 선생님의 요리 교실

'인도' 하면 떠오르는 음식은 뭐니뭐니해도 역시 카레. 노란 색과 특유의 향이 특징인 카레는 맛도 좋지만 건강에도 좋아요. 긴장했을 때 나타나는 증상인 '속 쓰림'에도 탁월한 효과가 있다고 밝혀졌거든요. 잔뜩 긴장한 나머지 속 쓰림을 호소하는 앨버트를 위해 카레로 맛있는 간식을 만들어 봐요!

카레식빵고로케

재료 식빵 8장, 양파 1/2개, 당근 100g, 애호박 100g, 새우 3마리, 버터 50g, 카레 가루 30g

❶ 이쑤시개로 새우 등의 2번째 마디에 있는 내장을 빼낸다.

❷ 양파와 애호박, 당근을 잘게 썬다.

❸ 마늘과 새우는 곱게 다진다.

❹ 버터를 두르고 마늘을 볶다가 새우와 채소, 카레가루를 순서대로 넣고 볶는다.

❺ 식빵 사이에 ❹를 넣고 반찬통으로 눌러 주변을 잘라낸 후, 가장 자리를 포크로 눌러 준다.

❻ 버터를 약간만 두르고 ❺를 노릇하게 굽는다.

잠깐!

▶ 만든 지 오래된 식빵을 사용하면 빵이 갈라질 수 있으니 신선한 빵을 사용하는 것이 좋아요.

속 쓰릴 땐 카레!

긴장을 하거나 스트레스를 받으면 속이 쓰리곤
한다. 자율신경계가 자극되어 위의 활동이 줄어
들고, 위산이 평소보다 많이 분비되기 때문이다.
이럴 때 카레를 먹으면 증상을 완화시킬 수 있다.
카레의 주성분인 강황이 위장을 보호하는 데 탁
월한 효과가 있기 때문이다.
포항 공과 대학교 생명 과학과 김경태 교수 팀은
강황 성분 중 에탄올과 에틸아세테이트를 뽑아
만든 물질이 위산 분비를 조절할 수 있다는 사실
을 밝혀 '국제 약리 학회지'에 발표했다. 강황이
위산 분비를 조절해 위장 질환을 예방해 줄 수 있
다는 것이다.

버터로 볶을 땐 중불에서!

채소나 밥을 볶을 때 버터를 사용하는 경우가 많
다. 버터 특유의 고소한 향이 맛을 더해 주기 때
문이다. 그런데 버터로 채소를 볶을 땐 중불 이하
에서 조리하는 게 좋다. 발연점이 낮아 금방 타고
몸에 나쁜 물질이 나올 수 있기 때문이다.
발연점은 기름을 가열했을 때 연기가 나기 시작
하는 온도다. 기름은 종류마다 다른 발연점을 갖
고 있어 조리 방법에 맞게 사용해야 한다. 발연
점이 250℃보다 높은 카놀라유는 튀김 요리에,
240℃인 포도씨유는 부침 요리에, 160℃인 버터
는 짧은 시간에 가볍게 조리할 수 있는 볶음 요리
에 사용하는 것이 좋다.

제7화
빵 도련님의 대활약

촉 촉
촉 촉

이를 어쩌나…
난 몰라요!
촉 촉
소금을
쳐야지!

딩동댕~!
1차 경연
시간이 다
끝났습니다!
00:00
양 팀 선수들은
수박을 가지고
나오시기
바랍니다!

아삭
아삭

수박은 수분을
유지하는 것이
가장 중요합니다!

특히 조각을 낸 뒤라면 수분이 날아가 '제맛'을 느끼기 어렵기 때문에
자른 수박을 랩에 씌워 수분을 보호했습니다. 정말 대단하죠?
음!
우리도….
그렇게 했는데~.

흠, 흠! 또한 수박은 상온보다 차갑게 한 뒤 먹어야 더욱 아삭한 맛이 살아납니다.
그래서 저희는 수박을 랩에 싸서 10분 동안….

냉동실에서 차갑게 얼렸습니다!
응, 알아.
안다고요?
이걸 어떻게 아셨죠?
흐음…, 그 정도는 기본 아닌가?
기, 기본이오?

아무튼 인도 팀 점수는 30점!
저는 10점!
네에?

이건 말도 안 돼!
말이 돼!
그럼~!

수박이 가장 맛있는 온도는 8~10℃지. 이보다 더 차가워지면 과육이 딱딱해져서 맛이 없단다.
무조건 차갑다고 맛있는 건 아냐!

아마도 인도 팀의 수박 온도는 2~3℃ 정도일 거야.
차갑고 시원하긴 했지만 특별하게 달거나 맛있지는 않았네.

이런 멍청이 녀석!
내가 수박을 냉동실에서 빨리 꺼내라고 했잖아!
네? 그런 말씀은 안 하셨….

뭐야? 그럼 내가 거짓말을 했다는 거야?
이 많은 사람들 앞에서 날 모욕하려는 게냐?
어서 나한테 사과해! 감히 천민 따위가…
아…, 아닙니다. 절대 아닙니다.

제 실수입니다. 심사위원님.
너의 실수가 곧 네 팀의 실수지!

기가 막혀! 자기가 잘못 했으면서 덮어씌우네!

청이야 뭐 해? 이제 우리 팀 심사 차례야. 어서 와.
저 타지마할인지 타조인지 하는 사람 못쓰겠습니다.
아삭
이 팀도 수박을 차갑게 했군.
아삭

세상에!

수박이 벌꿀보다 더 달콤해!
윙 윙
윙

와~! 달다!
마치 우리가 꿀벌이 된 거 같아요!
윙윙~!

뭐…, 뭐라고?
이건 불공정해!
저기요! 이건 잘못됐습니다!

뭐가 잘못됐다는 거지?
언제까지 꿀벌로 있을 거예요?
그 잠깐 사이에 수박이 달콤해진 이유는 하나뿐이죠.
저 팀은 수박에 설탕을 묻힌 게 분명해요!

반칙을 했으니 심사를 받을 자격도 없어요!
설탕? 누가 수박에 설탕을 탔다는 게냐?
한국 A팀이오! 제가 다 봤어요!

한국 A팀이 쓴 하얀 가루! 설탕 아니면 뭐겠어요?
설탕이라고? 그럼 한번 먹어 보시지.
좋아요.
촉
촉
촉
으악~! 짜! 에퉤퉤!
이게 어떻게 된 거지?
수박에 소금을 묻혔는데 단맛이 나다니?

그건 바로
'맛의 대비 효과'라는 거야!

맛이 대비하긴
뭘 대비해?
대비마마가 아니라
대비 효과요?

맛의 대비 효과란
'맛의 강화 효과'
라고도 하는데…
팥죽을 더 달게 먹기 위해서는
설탕이 아니라
소금을 넣어야 한다.
음식에 다른 종류의
물질을 넣어 원래의 음식
맛이 강하게 느껴지도록
만드는 것을 뜻하지.
단맛 + 소금 = 단맛 증가

미각의 법칙

달콤한 과자를 먹은 뒤 귤을 먹으면 시큼한 맛이 강해진다. 또 맛있었던 찌개가 식으면서 더욱 짜게 느껴지고, 콜라는 미지근해질수록 더욱 단맛이 나기도 한다. 이처럼 '맛'은 음식의 온도나 혀에 남아 있는 성분에 따라 강해지거나 약해질 수 있다.

앨버트가 사용했던 방법처럼 수박에 소금을 더하면 수박을 더욱 달게 먹을 수 있다. 또 신맛이 나는 레몬을 먹은 뒤 생수를 먹으면 단맛을 느끼게 되고, 단맛이 나는 케이크를 먹은 뒤 신맛이 나는 레몬을 먹으면 신맛이 더 강하게 느껴진다. 이런 현상을 '맛의 대비 효과'라고 한다.

소금 넣은 수박 맛의 콜라.
2012년 일본에서 판매됐다.

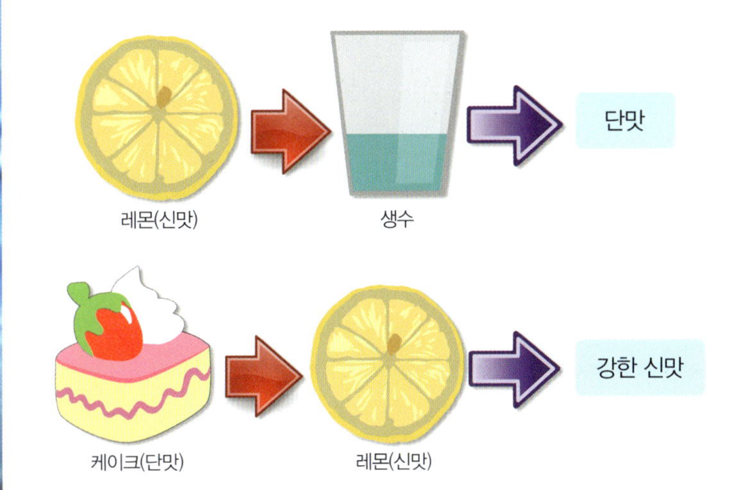

첫 번째 경연의
승자는 바로
한국 A팀이군요.
정말 대단합니다!
와 아
와
와 아

대~한~민~국!

쉿~! 조용히
하거라.
아직 끝난 게
아니다.
히히~,
알아요.

쯧쯧…, 커서 뭐가 되려고
저렇게 호들갑인지….

이런,
내 정신 좀 봐!
세종 대왕이 될
분이잖아!
탁
중 얼
중 얼
무슨 기도를 그렇게
열심히 해?
짝
짝
짝
제발 청이가
실수하게
해 달라고….
뭐~?

1대 0으로
한국 A팀이
앞서가고
있습니다!

과연 두 번째
경연 주제는
무엇일까요?

0 : 1

와아

와

두 번째 경연을
시작하겠어요.
양 팀에게 주어진
시간은 60분!

각 팀은 자신의
나라를 대표하는
식재료로 최대한
맛있는 요리를
만드는 겁니다.
그럼 시작!

흥~! 이번에는
절대 질 수 없지!

지상 최고의 향신료!

향기를
지배하는
자가 요리를
지배한다!

인도 요리의 대표 양념, 카레!

벌렁 쿵쿵 벌렁 벌렁
벌렁 (´ー`) 벌렁

에그머니나!

저 카레라는 놈이 대회장의 모든 향을 집어삼키고 있습니다.

후훗, 설마 카레 향을 처음 맡아 본 거냐?
카레는 향신료의 제왕이지!
승리는 우리것!

걱정 마, 청이야. 우리도 오랫동안 준비한 게 있잖아.

외국인에게 가장 많이 알려진 한식, 불고기!

뭐? 불고기? 너희들 설마…!
소고기를 먹는 거냐?
왜요? 안 되나요?

불고기 재료는 파와 배, 양파, 간장, 설탕, 다진 파.

그리고 가장 중요한 것은….

우리 땅에서 키운 소고기, 한우야!
짠
잠깐만요! 이게 무엇이옵니까? 이건 돼지고기 삼겹살이옵니다!

제8화

위기에 더욱
강해져라!

삼…,
삼삼….

삼겹살이라고?

진짜네!

불고기를 만들려고
하는데 소고기가
아니라니!

이건 아마
꿈일 거야!

허둥
지둥

내가 분명히
소고기를
챙겼는데…

이를 어찌합니까?

어쩌긴!
망했지!

음….

한국 A팀,
무슨 일인가?

제가 분명히 소고기를 챙겼는데
삼겹살로 바뀌었어요.
그게 말이 되니?

요리사가 꿈인 녀석이 재료 관리도 못해?
그렇다면 한국 A팀 1점 감점!
쓱 쓱
으악~! 안 돼요!

호호호~!

여기 있지롱~!
짠

1시간 전
긴장하니까 배가 아프네.
가연아, 이것 좀 보관해 줄래?

그때 삼겹살이랑 바꿨지롱~♬
아이~, 신나라~!

가연이 너 정말 바보구나!
뭐? 내가 바보라고!

청이는 네가 생각하는 것보다 열 배, 아니 백 배는 강한 아이야.
넌 청이를 잘못 건드렸어.
뭐라고?

청이는 위기에 더 강해지는 아이라고!
그래, 결심했어!

그만 좀 우세요, 도련님!
지금 이럴 때가 아니에요!
엉 엉 엉
어떻게 안 우니? 다 망쳤는데…

이미 저 팀은 재료 손질을 끝냈어요.

정신 차리고 재료부터 손질해, 이 양반아!
퍽 퍽 퍽
아얏, 아파! 알겠어. 뭐부터 하면 돼?

돼지고기! 무! 대파!
와아
와

손질 다했어. 다음은?
탁
탁
탁
탁
탁
저는 양파를 깔 테니 생강을 다지세요!

홋~, 우리보다 재료 손질이 늦군.
그나저나 멍청이 너, 실수 없이 하고 있는 거지?
또 한 번 나를 망신시키면 가만두지 않을 테다!
예, 그럼요….
짜깍
짜깍
짜깍
30분 경과!
29 43
MINUTE
SECON

청아, 이를 어쩌지?
약불에서 30분 더 익혀야 하는데 아무래도 시간이 빠듯하겠어!
아까 도련님이 우는 거 달래다가 시간이 후딱 지나갔다고요!
탁
탁
탁

5분 남았습니다!
준비하신 요리를
그릇에 담으세요!

다했습니다.
간을 한번
보세요.
그럴까?

음~, 맛있군!
승리는
우리 거야!
날름

삑~!
모두 주방에서
물러나세요!

비나이다~, 비나이다~.
천지신명님, 우리 어린 생각시를
보살펴 주십시오.

저희는 인도의 대표 요리인 카레와 전통 빵인 난을 준비했어요.
카레는 타임지가 선정한 세계 7대 건강 음식이기도 하지요.

난을 카레에 찍어 드시면 더욱 맛있습니다.
음~♪
오물
오물
오물

아주 맛있군. 이 요리에는 어떤 과학 원리가 들어 있지?

네? 과학 원리요?
흠흠, 그런 건 없는데요. 그리고….

두 번째 경연은 전통 요리 대결이라고 했지,
과학까지 평가한다고는 안 했잖아요.
뭐, 없어도 괜찮아. 혹시나 해서 물어봤지.

맛있구나. 다음은 한국 A팀!

이건 불고기가 아니구나!

예, 보쌈이옵니다.
쌈을 싸서
드셔 보세요!

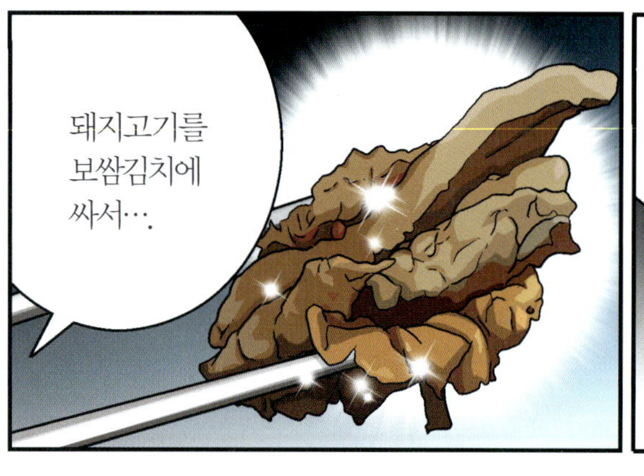

돼지고기를
보쌈김치에
싸서….

한입에~.
앙~!
앗!
잠깐만요!

돼지고기는 새우젓과
함께 드셔야 해요!

새우젓?
꼭 그래야
하나?

예. 그래야
궁합이
맞습니다.
궁합?

돼지고기와 새우젓의
관계는 예부터 바위와
물의 관계라고 했습니다.

산에 있는 바위에서
화기가 나오고,
물은 그 화기를 감싸듯이
돼지고기와 새우젓은
찰떡궁합이옵니다.

돼지고기에
새우젓을 곁들여
먹으면 맛도 좋고
소화도 잘 되옵니다.

재미있구나. 그런데
과학적인 근거는?

아!
그것은….

있습니다!

돼지고기의 주성분은
단백질과 지방입니다.

단백질과 지방을
소화시키기 위해서는
각각 프로테아제와
리파아제라는
분해 효소가
필요하지요.

새우젓에는 프로테아제와
리파아제가 들어 있어,
돼지고기를 소화시키는 데
큰 도움이 됩니다.

같이 먹으면 좋은 음식과 나쁜 음식

음식 중에는 같이 먹으면 몸에 더 좋은 경우도 있지만, 오히려 나쁜 작용을 하는 조합도 있다. 이를 '음식 궁합'이라고 부른다. 예를 들어 돼지고기와 새우젓은 예로부터 궁합이 좋은 음식으로 손꼽힌다. 그 이유는 새우젓에 들어 있는 단백질 분해 효소인 '프로테아제'와 지방 분해 효소인 '리파아제'가 돼지고기를 소화시키는 데 도움이 되기 때문이다. 궁합이 좋은 음식에는 된장과 부추, 감자와 치즈, 고등어와 무, 굴과 레몬, 냉면과 식초, 닭고기와 인삼, 딸기와 우유 등이 있다.

반면에 토마토와 설탕은 궁합이 좋지 않다. 토마토에는 무기질과 칼슘, 칼륨 그리고 비타민 B1이 많이 들어 있다. 그에 비해 당분이 적어서 설탕을 뿌려 먹기도 한다. 그러나 설탕의 주성분인 '자당'이 비타민 B1을 분해하기 때문에 토마토에 설탕을 뿌리는 순간 비타민 B1은 파괴되기 시작한다. 따라서 토마토는 설탕 없이 먹는 게 좋다.

좋은 음식 궁합 : 스테이크 & 파인애플

해로운 음식 궁합 : 토마토 & 설탕

인도는 고온다습하고 해충이 많아서 사람들이 카레를 많이 먹어요.
카레에 들어 있는 커큐민이 해로운 세균을 없애고, 땀으로 나온 카레의 향은 해충의 침입을 막아 주지요.
그래서 다른 나라에서는 카레를 자주 먹지 않아도 상관없지만,
인도를 여행하는 중이라면 카레를 많이 먹는 게 좋아요.
으윽…, 너 그걸 왜 이제 말해!
날 또 망신시키려고 일부러 그랬지? 따끔하게 혼내 주마!
꽉

여자를 때리려고 하다니!
이 양반 정말 못쓰겠군!

아이고 아파~!
이거 안 놔?
너 내가 누군지 알아?

앗, 너희들
뭐 하는
거야?
싸우나?

아니옵니다.
너무 반가워서
악수하는
중이옵니다.
으아아! 무슨
여자애 손 힘이
이렇게 세?

힉 힉
힉
반가워요~.
진심으로~!
누군지는
모르겠지만.

풋~!

찡긋

툭 툭

그럼 이번 경연의 승리팀을 발표하겠습니다~!

와아

와

승자는 바로…

와아아

한식의 우수성과 과학 원리까지 훌륭하게 보여 준 한국 A팀!

청이야~, 우린 천생연분인가 봐.

천생연분인지는 모르겠지만 이겨서 정말 좋네요!

그, 놔!

청이와 앨버트 선수의 승리 입니다!

한국 A팀
16강 진출!

청이랑 앨버트,
수고 많았다.
다 두 분
덕분이옵니다.
하하하~.

어?

축하하냐!
앗,
이 말투는?

꽃과 함께
사랑의 키스도 준다냐~!

철썩

쾅

이 양반,
하나도
안 변했군!

으아~!
코피 난다!
사랑은 아프냐?

에드워드, 오랜만이네.
프랑스 대표 팀으로
온 거구나?

그렇다면…!

안녕, 채민아!

프랑스
대표 선수로
참가했니?

응. 난
프랑스 학교의
학생이니까!

쿠르릉
쾅 쾅

그동안 별고 없으셨는지요?

우린 아직 승부가 끝나지 않았지?

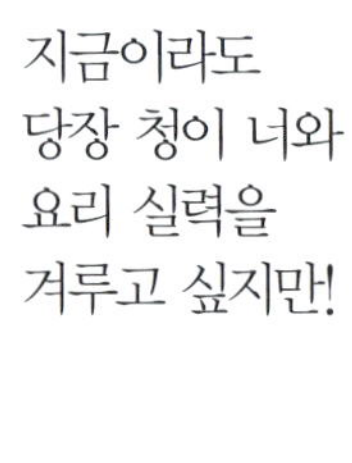

지금이라도 당장 청이 너와 요리 실력을 겨루고 싶지만!
우린 속한 그룹이 다르니까 결승에서나 만날 수 있겠네.
꼭 결승까지 올라와! 결승에서 진짜 승부를 하는 거야!

꼬옥

물론입니다.
선배님도요!

프랑스 팀!
입장해 주세요!
집에 가자.
배고프다.
잠깐만,
한울아!

난 에드워드의
실력이 너무
궁금해. 너희도
그렇지 않아?

첫 번째 문제!
여름에 모기에게
물리지 않도록
돕는 채소는?

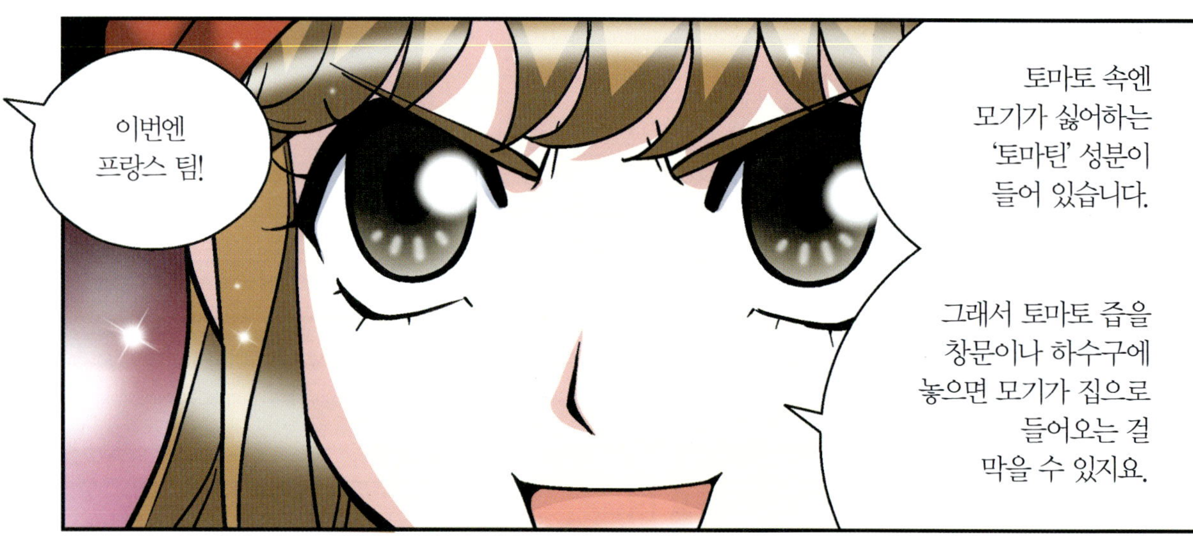

요리조리 과학 이야기

편안한 여름밤을 위한 천연 모기 퇴치제

여름철에 모기 없는 편안한 밤을 보내고 싶다면 토마토를 이용해 보자. 토마토에는 다른 과일에는 없는 '토마틴'이라는 성분이 있는데, 이 성분은 모기가 싫어하는 향을 갖고 있다. 따라서 토마토 즙을 모기가 드나드는 곳에 놔두면 모기가 집으로 들어오는 것을 막을 수 있다.

또한 오렌지나 레몬 껍질을 태우면, 껍질 속 살충 성분이 연기를 타고 퍼져 모기는 물론 다른 벌레들도 가까이 다가오지 못한다. 모기들은 구문초나 시트로넬라, 페니로열민트 같은 허브 식물의 향도 싫어한다. 따라서 허브 식물을 침대 주변에 놓으면 모기에 물리는 걸 막을 수 있다.

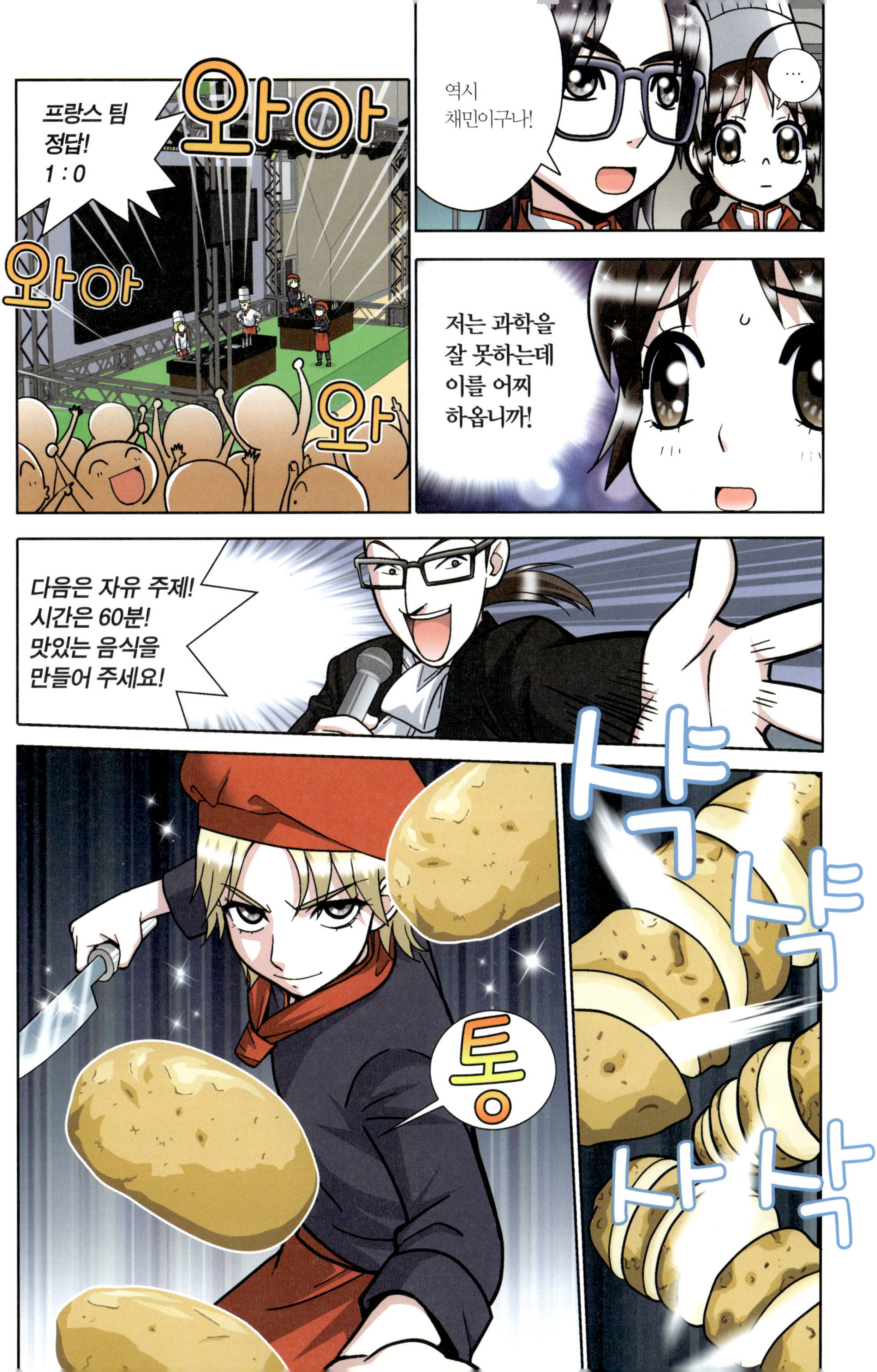

역시
채민이구나!

프랑스 팀
정답!
1 : 0
와아
와아
와

저는 과학을
잘 못하는데
이를 어찌
하옵니까!

다음은 자유 주제!
시간은 60분!
맛있는 음식을
만들어 주세요!
통
샥
샥
샥샥

에드워드의 스피드가 대단해!
움직일 때마다 요리가 하나씩 완성되고 있어!
60분 안에 프랑스식 정식 요리를 다 만들려고 하나 봐!

만들기 어려운 건가요?

당연하지. 프랑스 정식은 귀족들이 먹던 코스 요리야.
주로 숙련된 요리사들이 만들었지.
보통 4~5개의 메뉴로 이루어져 있고 육류와 생선, 채소를 골고루 다룰 줄 알아야 해.

요리를 빨리한다고 좋은 요리사는 아니지.

아니다. 지금은 요리 대결이지 않느냐.

정해진 시간 안에 만드는 실력도 중요하지.
그만 가자꾸나. 이미 승부는 나온 것 같으니.

대단하시군요, 서양 도련님! 하지만 저는 꼭 이길 겁니다!
아버님도 모셔 오고 잃어버린 어머님의 미각도 돌려놓을 거예요!
와아
와와

T.971-88**

무한 대 도전!

히히히~, 까르르~!
헤헤~!
TV는 이제 끄시지요!
왜!
이런 우라늄 십이색 크레파스 녀석들!
빡

이놈들! 할미가 밥 먹을 때 TV랑 스마트폰 보지 말라고 했지!
몇 번을 말해야 하는 게냐!
숟가락과 젓가락은 한 손에 잡지 않는다!

손윗사람이 먼저 수저를 든 후에 먹는다!
국은 그릇째 들고 마시지 않는다!
후르르~
앗!

수저를 입 속에 깊이 넣지 않는다.
젓가락으로 그릇을 두드리지 않는다.
음식을 먹을 때 소리를 크게 내지 않는다.
그릇에 머리를 지나치게 숙이지 않고….
음식이 묻은 수저를 여럿이 먹는 음식에 넣지 않는다.
밥이나 국이 아무리 뜨거워도 입으로 불지 않는다.
아삭
파
악
아삭
안 먹어요!

저도요!
이놈들아, 먹지 마라! 굶는 놈들이 손해지.

꼬르륵…

배고프다. 우리 들어가서 밥 달라고 할까?
그건 싫어!

할머니, 너무하세요!
밥 먹을 땐 멍멍이도 안 건드린다던데…
으악! 밥 먹을 때 멍멍이?
세종 대왕님이 이런 말씀을 하셔도 되나?

빠…, 빨리 와 줘! 한울아! 나…; 너무 아파…:

응, 앨버트!
아아아….

무슨 일이옵니까?
몰라. 나도 가 봐야 알지.
탁 탁 탁

빵 도련님!
아아아….
벼…, 병원에 가야….
응! 알았어!
혹시 저녁 먹은 게 체한 거야? 아니면….
앗!
너, 뭘 먹은 거야?

정혜정 선생님의 요리 교실

청이와 앨버트가 요리스타 세계 대회 1차 대결에서 사용한 재료, 삼겹살! 삼겹살은 삶아 먹어도 맛있고, 구워 먹어도 맛있어요. 그렇다면 이번엔 삼겹살을 이불처럼 돌돌 말아서 먹어 볼까요? 향긋한 나물을 품은 삼겹말이로 색다른 맛을 즐겨 보아요~!

삼겹말이

재료 삼겹살 200g, 당근 1/4개, 새송이버섯 1개, 미나리 50g, 치즈 50g, 땅콩 20g, 데리야키 소스(또는 불고기 소스), 전분 약간

❶ 당근과 새송이버섯은 채썰고 미나리는 잎을 뗀다.

❷ 땅콩은 굵게 다진다.

❸ 삼겹살에 데리야키소스를 바르고 끝부분에 전분을 묻힌다.

❹ 삼겹살에 채소와 치즈를 올리고 말아 준다.

❺ 팬에 기름을 두르고 삼겹말이를 골고루 익혀 준다.

❻ 거의 다 익었을 때 삼겹살에 소스를 한 번 더 발라 주고 땅콩을 뿌려 완성한다.

잠깐!

▶ 삼겹살을 한두 바퀴만 말아야 속까지 익힐 수 있어요. 타지 않게 중불에서 서서히 익히세요!

힘이 불끈, 삼겹살!

피곤하고 스트레스 받았을 땐 삼겹살을 먹어 보자. 삼겹살에는 '티아민'이라는 비타민 B1이 풍부하기 때문이다. 티아민은 음식으로 섭취한 3대 영양소를 에너지로 바꾸고 몸의 대사를 촉진한다. 또 몸속의 기관들이 정상적으로 활동하도록 돕는다. 따라서 피로를 풀어 주고 스트레스 증상을 완화해 우울증을 예방해 주기도 한다.

돼지고기 100g에는 티아민이 약 0.4~0.6mg 들어 있는데, 이 양은 소고기에 든 것보다 10배나 많은 양이다. 티아민을 과다하게 섭취하면 메스꺼울 수 있기 때문에 돼지고기 등으로 만든 음식을 적당히 먹는 것이 가장 바람직하다.

삼겹살과 최고 궁합은?

삼겹살의 가장 큰 단점은 콜레스테롤이 많다는 것이다. 콜레스테롤은 혈관을 막아 각종 질병을 생기게 한다. 따라서 삼겹살은 표고버섯과 함께 먹는 게 좋다. 표고버섯에 풍부하게 들어 있는 섬유질이 콜레스테롤의 체내 흡수를 막아 주기 때문이다.

삼겹살을 이용한 음식을 만들 때 콩을 함께 넣는 것도 좋은 방법이다. 콩에는 불포화 지방산과 비타민E, 레시틴 성분이 풍부하다. 이 성분들이 콜레스테롤을 제거하고 혈관을 깨끗하게 한다. 특히 레시틴은 몸에 좋은 콜레스테롤을 늘리고 몸에 나쁜 콜레스테롤을 몸 밖으로 배출하도록 돕는다.

제9화

끝나지 않은 가연의 음모

요리조리 과학 이야기

카페인 음료를 마실 땐 일일 섭취량을 확인하세요!

카페인을 너무 많이 먹으면 오히려 집중력이 떨어진다!

카페인을 먹으면 일시적으로 잠이 깨고 집중력도 향상되는 느낌이 든다. 하지만 많이 먹으면 카페인이 교감신경을 자극해 신경이 예민해져서 집중력이 떨어진다. 또 카페인은 몸속에서 철분과 칼슘이 흡수되는 걸 막아 어린이들의 성장을 방해한다.

일일 최대 섭취량은 1kg당 2.5mg!

미국 미시간 어린이 병원 스티븐 립슐츠 박사는 열 살짜리 어린이가 카페인 음료를 하루에 80mg만 먹어도 카페인에 중독될 수 있다고 경고했다. 따라서 열아홉 살 이하의 어린이나 청소년은 하루에 섭취하는 카페인 양이 몸무게 1kg당 2.5mg을 넘지 않도록 해야 한다.

카페인 음료를 마실 땐 일일 섭취량 이하로!

평소에 규칙적인 생활과 운동을 하면 집중력을 높일 수 있다. 졸리거나 목이 마를 때는 카페인 음료 대신 물을 마시는 게 좋다. 만약 카페인 음료를 마실 경우에는 제품의 카페인 함량을 확인하고, 일일 최대 섭취량 이하로 마셔야 한다.

아차! 이러고 있을 때가 아니지. 너 위경련인 것 같아.
119에 전화할게. 조금만 참아.
아야…, 빨리 오라고 해 줘!

학교가 외진 곳에 있어서 시간이 좀 걸릴 거야…
그럴 시간이 어디 있어요!

착

빵 도련님! 어서 제게 업히시어요! 빨리요!

저…, 저기 고맙지만 네가 날 어떻게 업겠…
걱정하지 마세요!

파ㅅ
으악~! 언제 날 업은 거야?
청이야! 부탁해!
자칫하면 달나라까지 날아가 계수나무 토끼랑 박치기를 할 수도 있으니 꼭 잡으세요!

슈웅

솟아라!
100년 묵은
조선
산삼의 힘!

내가 무거워서 청이가
걷기도 힘들겠지?

히이익~!

소, 속도가
엄청
빠르다!

다다다다다다

우오오오오~!
사람 살려!

어디가 아프다고?
위경련인 듯합니다.
엥? 공포에 질린 것 같은데?

어제 열린 요리스타 세계 대회에서 한국의 두 팀이 모두 16강에 진출했습니다!
양 팀은 한식의 우수성을 세계에 알리며 대한민국의 위상을 드높이고 있습니다.

가연 언니, 축하해요~!
훗~, 뭘! 당연한걸.

뭐?

앨버트 선배가 병원에 입원했다고?
어떡해!

어머머!
이게 웬일이니?
완전 신난다!
어휴, 어쩐담!
그럼 청이가 속한
한국 A팀은
16강 대회에
참가하지
못하겠네?

아니에요.
아니라고?

대회 규정에
따르면, 참가자가
아플 때는
다른 사람이 대신
나올 수 있대요.

그래서…
한울 선배님이
청이랑 같이
나간대요!
짠
뭐야?

하하하~
꺄르르

청이는 좋겠다….

콰
흥!

둘이 아주 깨가 쏟아지겠군.
내가 그 꼴을 볼 순 없지!
뭐지?
뒤적
뒤적

생각보다 일찍
이걸 쓰게 됐군!

웬 소금통?
후훗…, 보통 사람
눈에는 소금통으로만
보이겠지.
하지만…!

이건 내가 만든
특제 후추 폭탄이야!
살짝 덮혀
있는 소금.
일반 후추보다
10배는 더 강한 후추.

에
취

상상만 해도
너무 좋아!
깔깔깔~!
깔깔깔~!
깔깔깔~!

Cooking

미국 대표 팀, 존과 제인

한국 B팀이 우리한테 무슨 일이지?
받아!

이게 뭐지?

에…, 에…, 에취~!
에취! 에취!

도대체 안에다 뭘 넣은 거야?
너희에게 특별히 주는 거야.
이걸 쓰면 16강에서 거뜬히 이길 수 있어.

훗
쳇

필요 없어!
우리는 정정당당하게
대결할 거야.
쓰윽
툭

오로지 땀과 노력으로 얻은 성적만이
떳떳하고 가치 있는 법!

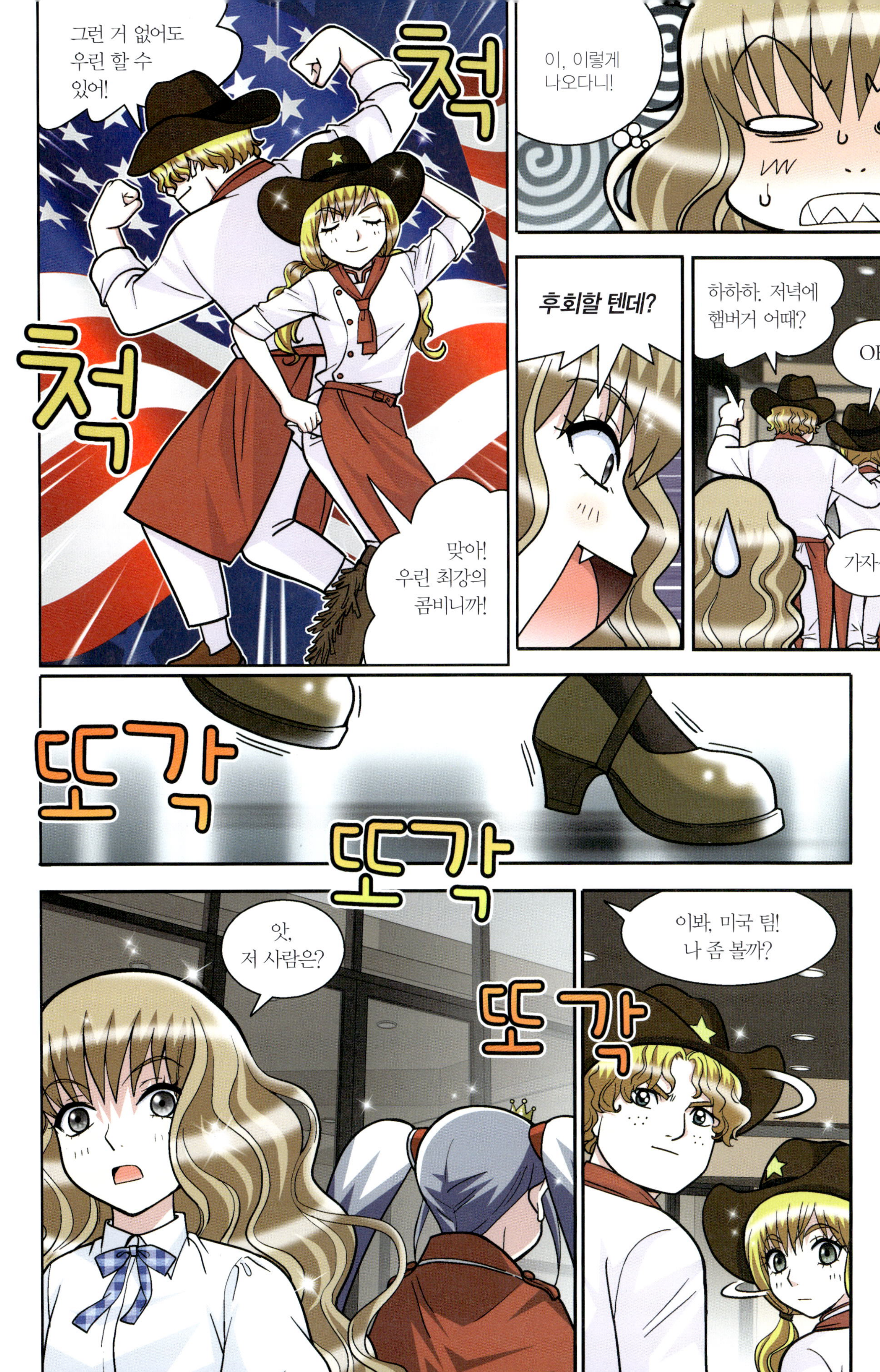

그런 거 없어도
우린 할 수
있어!
척
척
맞아!
우린 최강의
콤비니까!
이, 이렇게
나오다니!
후회할 텐데?
하하하, 저녁에
햄버거 어때?
OK!
가자~!
또각
또각
또각
앗,
저 사람은?
이봐, 미국 팀!
나 좀 볼까?

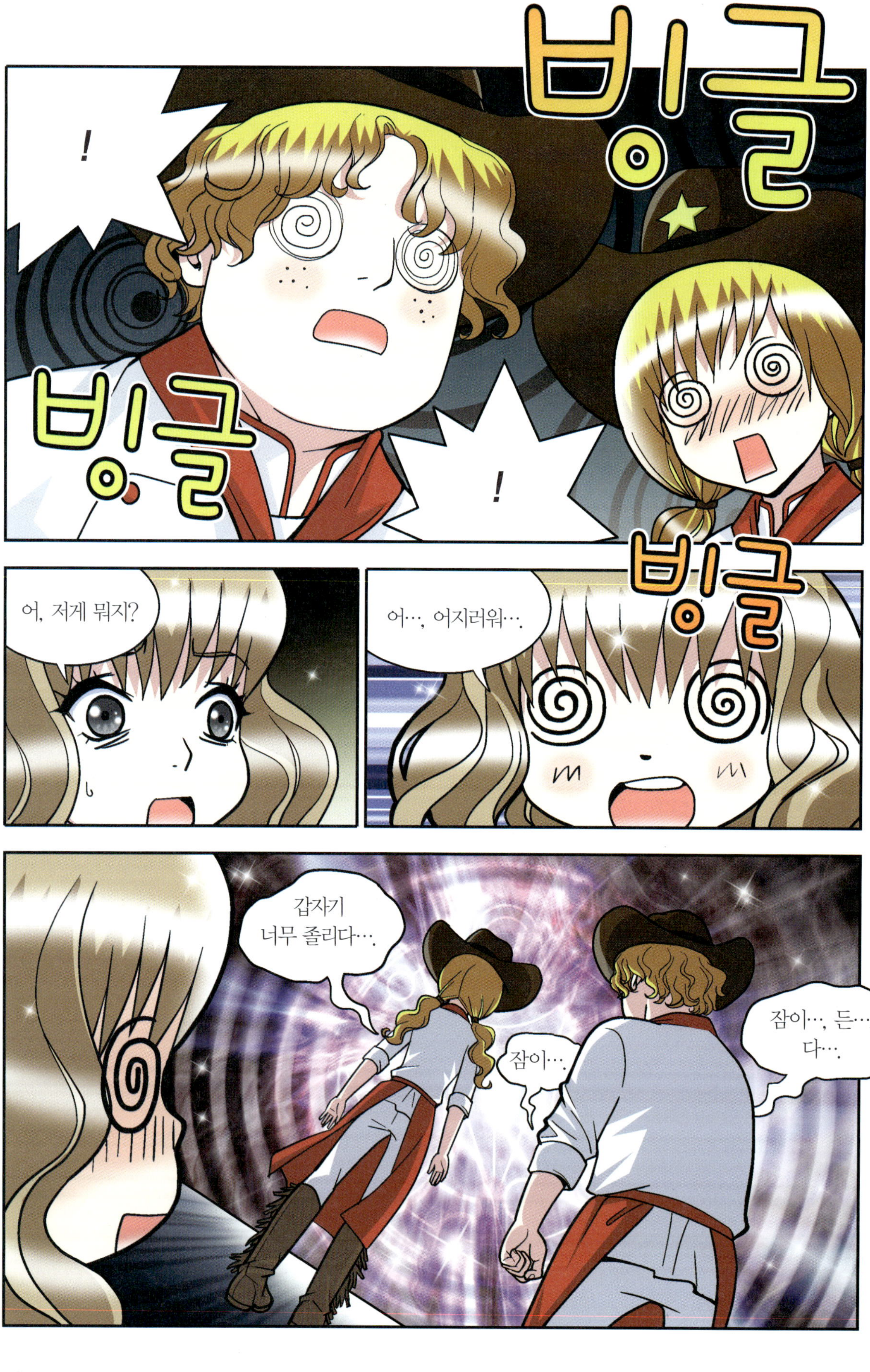

빙글
빙글
빙글
빙글
!
!
!
어, 저게 뭐지?
어…, 어지러워…
갑자기 너무 졸리다…
잠이…
잠이…, 든…, 다…

째깍! 째깍!
… 째깍!

레드~, 썬!
딱

한국 A팀 청이에게
후추 폭탄을 써!
알겠느냐?
옙!
척
척
그럴게요!

해결됐지?

응..

한국 A팀
청이에게….

헤롱

후추 폭탄을…,
쓴다…, 쓴다….

헤롱

후훗~!
날 따라와!

네….

우웅

전화 왔다!

어? 내가 왜
여기서 이러고
있지?

전통 한정식
수
라
간
T.971-88**

많이 떨리시나요?

내가
꿈에 그리던
요리스타
세계 대회에
참가하게 되다니…

그것도 청이 너와
한 팀으로 말야!
정말 꿈만 같아.

응! 아픈
앨버트에겐
미안하지만….

완전 흥분돼!

후훗~!

어머!

저도…,
마찬가지랍니다.
세자마마.

휙

쯧 쯧

왜 저를 그렇게
쳐다보세요?

저를 못 믿으시는
거예요?

그래, 이놈아!
그동안 과학 공부
하나도
안 했으면서
걱정도
안 되냐?

제가 얼마나 열심히
공부했는데요.

정말?

그럼요!

그럼
문제 낸다.

내세요!

조선 21대 왕이신 영조는 역대 왕 중에 가장 장수하신 분이란다.

조선 시대 왕들의 평균 수명은 46세인데, 영조는 거의 두 배나 더 오래 사셨지.

도 튼튼 나라도 튼튼 몸 튼튼

못 쫓아가겠어!

쌩~

여기서 문제! 영조의 장수 비결은 무엇이겠느냐?

할머니, 너무 어려우니 힌트 하나만 주세요!

...

정답은 인삼이옵니다!

땡! 이제 보니 청이도 한울이 녀석과 실력이 비슷하구나?

땡

수엥!

으윽, 자존심 상해!

한우!
삼겹살!
비빔밥!
스파게티!
떡갈비!
해삼! 멍게!
땡
땡 땡 땡

어려워요….
특별히 힌트를 주마!

논어에 보면 제자 자공이 공자에게 이런 질문을 한다.
자장과 자하 중 누가 더 현명합니까?

자장은 넘치고
자하는 미치지 못한다.
무슨 뜻?
그러니까 자장이 낫다는 거죠?

공자가 답했다.
지나침은 미치지 못함과 같으니라.

으아아!
더 모르겠잖아요!
할머니, 미워요!
아!
벅 벅

小食
(소식)
정답!
'소식'이옵니다!

소식? 적게 먹는 거?
먹는 음식을 맞히는 거 아니었어?

이유는?

지나칠 '과(過)', 오히려 '유(猶)', 아니 '불(不)', 미칠 '급(及)'!

'지나친 것은 미치지 못한 것과 같다'고 하셨으니까요.
정답이다!

영조 임금님은 하루 다섯 번 먹었던 수라를 세 번으로 줄였다.
가뭄이나 홍수로 백성들이 힘들면 반찬 수를 줄였고, 쌀밥 대신 잡곡밥을 즐겨 드셨다고 하는구나.

요리조리 과학 이야기

밥은 적게, 수명은 길게!

위는 우리가 먹은 음식물을 소화시키는 기관이에요. 수축과 이완 운동으로 음식을 작은 크기로 분해하지요. 또 위에서 나오는 위액에는 소화 효소인 '펩신'이 들어 있어요. 펩신은 음식물을 이루고 있는 단백질을 분해시켜요. 이렇게 분해된 음식물은 췌장과 십이지장, 소장을 거치면서 모두 소화되고 영양소는 몸으로 흡수된답니다.

일반적으로 위는 자신의 주먹만 한 크기예요. 하지만 위는 주름도 많고 근육이 잘 발달돼 있어서 음식을 많이 먹을수록 풍선처럼 늘어나지요. 어른들의 위는 1.5~2ℓ 정도까지 늘어날 수 있다고 해요. 그런데 음식을 너무 많이 먹으면 위가 소화 운동을 하기 어려워요. 위가 늘어나긴 하지만 음식물이 제대로 분해되지 않고, 위에 머무는 시간도 늘어나죠. 그럼 소화가 잘 안 되고 결국 체하게 돼요. 따라서 밥을 먹을 땐 '살짝 부족하다'고 느낄 정도로 먹는 것이 건강에 좋답니다.

나는 배가 터질 때까지 먹어.
그래야 든든하고 기분도 좋아….
도련님, 안 돼요. 보통 식사량의 70% 정도 먹는 것이 건강에 좋아요!

비나이다~, 비나이다~! 천지신명님께 비나이다!
싹
싹
싹

우리 세자마마와 청이가 오늘 대회에서 꼭 이기게 도와주십시오.
아울러 내금위장은 조선 의궤를 찾아 돌아오게 해 주소서.
싹
싹
싹

비나이다….

오랜만이구나, 이 상궁.

수라간 최고 상궁마마!
넙
넙
죽

그동안 별고 없으셨는지요?
나는 잘 있다. 세자마마는 건강하시지?

그럼요. 잘 계십니다.
정크인가 뭔가 하는 음식은 계속 드시느냐?
햄버거 좋아~! 콜라 좋아

그게 아직…
쯔쯧~, 큰일이구나. 사람 입맛이라는 게 쉽게 고쳐지지 않는 것인데….

송구하옵니다~.
다다다
다다
앗?

마마~!
안녕하시옵니까!

수라간을 몰래
훔쳐보다가
장독으로
도망친 생각시!

청이옵니다!
기억하시는지요?

청이야,
저분이
누구신데
감히!

어서 썩 물러…

괜찮다!
계속 말해
보거라!

네 이 녀석,
돌아오면 아주
혼날 줄 알거라.

예~, 벌은
달게 받겠습니다.

그런데 마마!
한 가지만
여쭤 봐도 될까요?

그렁
그렁

똑 똑 똑

마마, 제 어머님이
어떻게 지내시는지
궁금하옵니다.

식사는 잘 하시는지….
속은 안 아프신지….
관절은 괜찮으신지….
잠은 잘 주무시는지….
흐흑….
어머님 걱정에
속이 타들어 가는
것만 같습니다.
흐흑….

남편과 딸도
곁에 없다 보니
밖에 잘 나가지 않고
몸도 많이
허약해졌다 한다.
쯔쯧…,
이런…
어~! 무~! 잉~!
나 지금
돌아갈래요!
안 돼!
그러다가
독 깨져!
뻥
까아악~!
흥분하지
말라고!
이러다 독이 깨지면
너나 세자마마나 절대로
조선 시대로 못 돌아가!

왜 이렇게
시끄럽지?
무슨 일 있어요?

슝-

청이 많이 먹고
힘내거라!

어라!
할머니가
날고 있네!

할머니,
나는요?

이놈아! 넌 원래
배 터지게 잘 먹잖아!

할머니
미워!

와

와

와아

요리를 사랑하는
어린이 여러분,
안녕하십니까!

요리스타
세계 대회의
본선 2차전!
16강이 지금
시작됩니다!

한국 A팀의
오늘 상대는
바로…,
미국 팀입니다!

정혜정 선생님의 요리 교실

앨버트가 또 배탈이 났네요. 대회 당일에 이어 벌써 두 번째예요. 앨버트처럼 속 쓰림이나 위경련이 자주 일어난다면 평소에 양배추를 먹는 게 도움이 돼요. 그래서 이번에는 양배추 김치를 준비했어요. 맵지도 않고 끼니마다 챙겨 먹을 수 있는 양배추 김치를 다 함께 만들어 봐요.

양배추 김치

재료 양배추 1개, 적양배추 1/4개, 쪽파 5대, 마늘 5개, 청고추 2개, 홍고추 1개, 깻잎 20장, 다시마 1장, 찹쌀가루 5큰술, 설탕 2큰술, 식초 2큰술, 멸치 액젓 4큰술, 굵은 소금 2컵
김치 양념 : 다시마 육수 3컵, 멸치 액젓 4큰술, 마늘 3개

❶ 양배추와 적양배추는 한 잎씩 떼어내 4시간 정도 소금물에 절인다.
❷ 물에 다시마를 넣고 끓여서 다시마 육수를 만든다. 물 2컵에 찹쌀가루 5큰술을 섞은 뒤 끓여 찹쌀 풀을 만든다.
❸ 마늘은 다지고 청고추, 홍고추는 송송 썬다. 쪽파는 3cm로 썬다.
❹ 마늘을 다진 뒤, 위의 재료를 섞어 김치 양념과 김칫국을 만든다. 김치 양념을 절인 양배추와 적양배추 그리고 깻잎에 묻힌다.
❺ 통에 양배추와 깻잎, 청고추, 홍고추, 쪽파, 적양배추 순으로 쌓는다.
❻ ❺에 김칫국을 붓고 냉장고에서 2~3일 정도 숙성시킨다.

잠깐!

▶ 찹쌀 풀을 충분히 식힌 뒤 사용해야 채소의 숨이 죽지 않아요. 양배추가 물들지 않게 적양배추와 따로 절이세요.

속 쓰림엔 양배추!

속 쓰림이나 위경련을 자주 겪는다면 양배추를
먹는 게 도움이 된다. 요구르트, 올리브와 함께 서
양의 3대 장수 식품으로 꼽히는 양배추는 위장을
보호하는 데도 탁월한 효과가 있다. '비타민 U'라
고도 불리는 'S-메틸 메티오닌' 성분이 위의 점막
을 보호하고 튼튼하게 만들어 주기 때문이다. 뿐
만 아니라 이미 궤양으로 망가진 점막을 회복시
키고 염증을 줄이거나 출혈을 막는 역할도 한다.
또 식이섬유가 풍부하게 들어 있어 장 활동을 활
발하게 하고 변비도 예방한다. 양배추를 익히면
무기질이나 단백질, 탄수화물 등이 손실될 수 있
기 때문에 생으로 먹는 것이 가장 좋다.

발효엔 찹쌀 풀!

김치를 만들 때 찹쌀 풀을 사용하는 이유가 과학
적으로 밝혀졌다. 지난 2014년 국립수산과학원
박희연 연구관이 김치를 발효시키는 데 찹쌀 풀
이 중요한 역할을 한다는 사실을 알아낸 것이다.
찹쌀 풀의 전분은 김치가 숙성되는 과정에서 '알
파 아밀라아제'를 만나 포도당과 맥아당을 만든
다. 포도당과 맥아당은 유산균의 먹이인데, 많이
만들어질수록 유산균이 잘 자랄 수 있는 환경이
되는 셈이다. 게다가 이 과정에서 알파 아밀라아
제가 활성화되어 아미노산의 양은 많아지고 감칠
맛을 낸다. 따라서 잘 발효된 김치를 먹고 싶다면
김치를 담글 때 꼭 찹쌀 풀을 사용하자.

제10화
한울이의 선택
와
와
덜
덜
지금 곧 한국 A팀과
미국 팀의 요리스타
세계 대회 16강전이
시작됩니다!

떠…, 떨…,
떨지 마. 청이야~.
호랑이한테 물려 가도
정신만 차리면 된다고 했어!
덜 덜 덜
눈을
똑바로 뜨고
기합을 얍!

한울 도련님,
걱정 마세요.
소녀가 있잖아요!
호랑이에게
물려 가지 않도록
소녀가 도련님을
지켜 드리겠습니다!

안녕~.
만나서 반갑다.

양 팀 선수들
인사~!

안녕하시옵니까?
생각시 청이옵니다.

앗

네낭에

Wow!
매력적인
아가씨군!

Hi~!
펌킨!

헤헤~♬ 도련님, 이분들이 지금 뭐라고 합니까?

펌킨(pumpkin)! 너보고 호박같이 생겼대.
쿵

이 양반들이 시작 하기도 전에 성질을!
모두 호박죽 한 사발 드셔 보고 싶은가!
울컥
청아, 잠깐만!

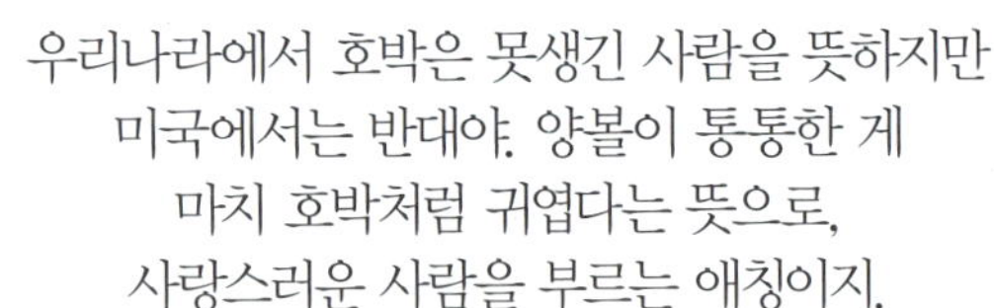

우리나라에서 호박은 못생긴 사람을 뜻하지만 미국에서는 반대야. 양볼이 통통한 게 마치 호박처럼 귀엽다는 뜻으로, 사랑스러운 사람을 부르는 애칭이지.

그러하옵니까? 몰랐습니다.
호박이라니…, 과찬이십니다.
….

참가자들은 모두 자기 자리로 돌아가세요. 지금부터 경기가 시작됩니다.
와아
와

16강도 지난 경기와
마찬가지 방식입니다.
첫 번째 대결은
음식과 관련된
과학 문제!

두 번째 대결은
각 나라를 대표하는
음식을 만드는
것입니다!

으쓱 으쓱

그럼 앞에 있는
미스터리 박스를
열어 주세요.

와아

와

어서 미국 팀한테
최면술을 써!

기다려!
이 최면술은
1분밖에
쓰지 못해.

그러니까
아주 결정적인
순간에 써야
한다고.

아하~!
알았어.

세종 대왕님께서 잘하시겠죠?

곧 그 능력을 발휘하실 때가 올 게야!

쉿!
밖에서는 절대 세종 대왕님이라고 부르지 말거라!
네, 그럴게요.

잘하시겠지. 우리나라에서 가장 똑똑한 임금이셨으니….

이게 뭐야?
소금, 설탕, 간장, 식초!

요리에 쓰는 양념들이옵니다.
알아. 그런데 이걸로 뭘 하라는 거지?
음식 재료도 없는데….
여리
둥절

왓?
왓?

모두들 놀라셨나요?
여러분 앞에 양념 4개가 있죠?
네!

요즘 TV 요리 프로그램이 인기를 얻으면서 집에서 직접 요리해 드시는 분들이 많아졌습니다.

하지만 TV를 보고 집에서 따라해 보면 이상하게도 그 맛을 똑같이 내는 게 쉽지 않은데요.
여기에는 비밀이 숨겨져 있습니다. 그건 바로…!
비밀을 말하면 어떡해유~.

바로 요리를 할 때 양념을 넣는 순서가 있다는 겁니다!
와
와아
와

이 순서를 잘 지키면, 양념의 고유한 맛이 살아나면서 훌륭한 요리가 만들어지죠.

여기서 문제! 식초, 간장, 소금, 설탕 중 가장 먼저 넣어야 할 것은 무엇일까요?

시간은 10초! 지금 바로 결정하세요!
10:00
와
아

역시 16강부터는 문제의 난이도가 높구나.

호호호~, 호호홍~! 네 말이 맞았어.
최면술을 안 써도 이 정도면 청이네 팀이 떨어지겠는데?

양념을 넣는
순서가 있다고?
청이야,
넌 알겠니?

그, 그러니까
제 기억에는….

어머니는
어떤 양념부터
넣으셨어?
뭐?
어머니가 요리하실 땐
설탕이 없었어요.
옛날엔 설탕이
너무 귀해서 궁에서나
쓸 수 있었거든요.

설탕이 없으면
뭘 쓰는데?
조청이오.

생각하자~, 생각해!
분명 과학 원리가
숨어 있을 거야!

요리는 과학이니까!

그럼 넌 설탕을
언제 써야 할지
모르겠구나.
소녀, 죽을 죄를
지었사옵니다.
아니야. 넌
잘못이 없다….

삐-
와
시간이 다 됐습니다! 지금 바로 결정해 주세요.
소금, 식초, 설탕, 간장 중에서 가장 먼저 넣어야 할 양념은?

슈거(Sugar)!
척
미국 팀은 설탕을 선택했습니다. 한국 A팀은?

앗, 한국 A팀도 설탕을 선택했습니다! 그렇다면 정답은?
척

딩동댕~♬ 설탕입니다!
휴우~

그럼 이유를 들어 볼까요?
설탕은 재료를 팽창시켜 부드럽게 하는 효과가 있어요.
그래서 설탕 다음에 넣는 양념들이 재료에 잘 스며들게 하지요.
척
척

게다가 설탕은 다른 양념의 맛과 향이 더 강하게 느껴지도록 도와줍니다.
음, 맞아요. 한국 A팀도 같나요?

두 번째로 넣어야 할 양념은?

네…, 네!
흠~, 그럼 한국 A팀! 다음으로 쓸 양념을 먼저 골라 보세요.

설탕이 물에 녹는 과정

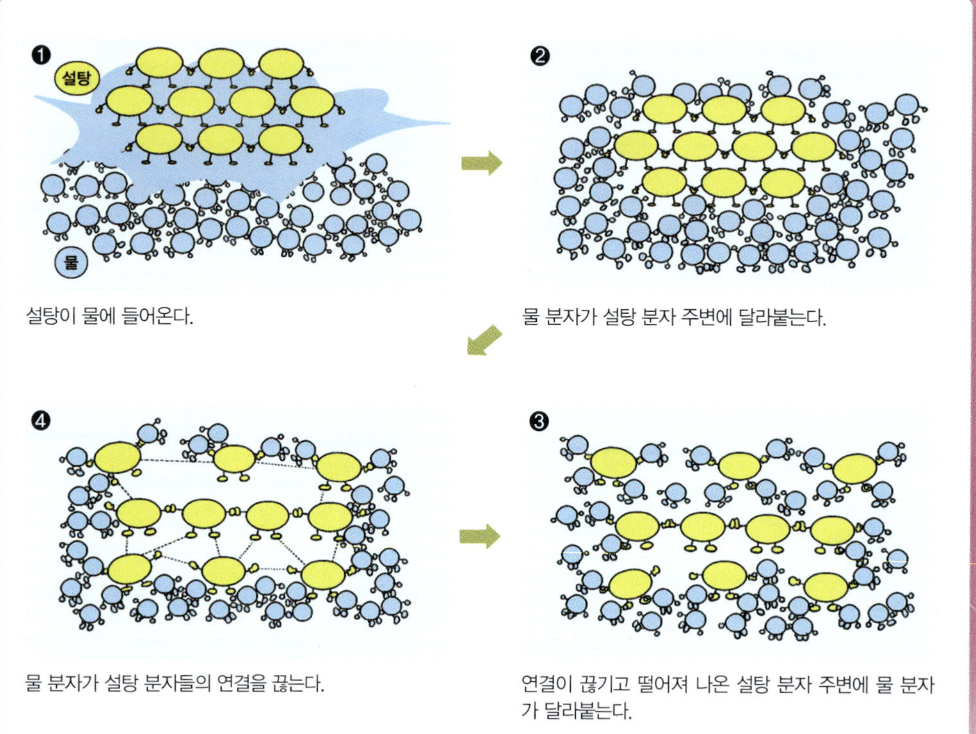

설탕을 물에 넣고 저으면 하얀 설탕은 금세 사라져 버린다. 물에 녹았기 때문이다. 그렇다면 설탕이 물에 들어가면 어떤 반응이 일어나길래 불투명했던 설탕이 물처럼 투명해지는 걸까?

고체 상태인 설탕 분자들은 서로 끌어당기는 힘을 이용해 연결돼 있다. 그런데 설탕이 물에 들어가면 물 분자들이 설탕 분자들을 둘러싼 뒤 연결을 끊어 버린다. 그리고 끊어진 설탕 분자 주변에 물 분자들이 달라붙는다. 이때 물 분자들끼리도 서로 끌어당기는 힘이 작용한다.

즉, 설탕이 녹는 것은 물 분자들의 끌어당기는 힘에 의해 설탕 분자들의 연결이 끊기고 물 분자와 달라붙기 때문이다. 이렇게 하나하나 분리된 설탕 분자는 물 분자 사이에 균일하게 섞여 있어 우리 눈에 보이지 않는다. 그 결과 설탕물이 투명하게 보이는 것이다.

과연 한울이는 양념의 비밀을 알아낸 걸까요?
갈수록 흥미진진한 요리스타 세계 대회! 《요리스타 청》 7권을 기대해 주세요!

정혜정 선생님의 요리 교실

미국에서 귀엽고 사랑스러운 사람을 부를 때 쓰는 애칭인 호박! 그중에서도 단호박은 탄수화물과 섬유질, 비타민 등 몸에 좋은 영양소가 가득해서 성장기 어린이들에게 좋은 채소이지요. 이번에는 속살이 부드러운 단호박을 이용해 달콤한 맛탕을 함께 만들어 보아요!

단호박맛탕

재료 단호박 1/2개, 설탕 1/2컵, 식용유 1/4컵, 물 1큰술, 검은깨 약간

❶ 단호박의 껍질을 벗긴다.

❷ 단호박을 한입 크기로 자르고 모서리를 다듬는다.

❸ 기름의 온도를 150~160℃로 올린 뒤 단호박을 넣고 튀긴다.

❹ 팬에 설탕과 기름을 넣어 섞은 뒤, 가장자리 색이 변할 때까지 중불에서 녹인다.

❺ 튀긴 단호박을 ❹와 섞다가 물을 넣고 더 섞어 준다.

❻ 검은깨를 뿌리면 완성!

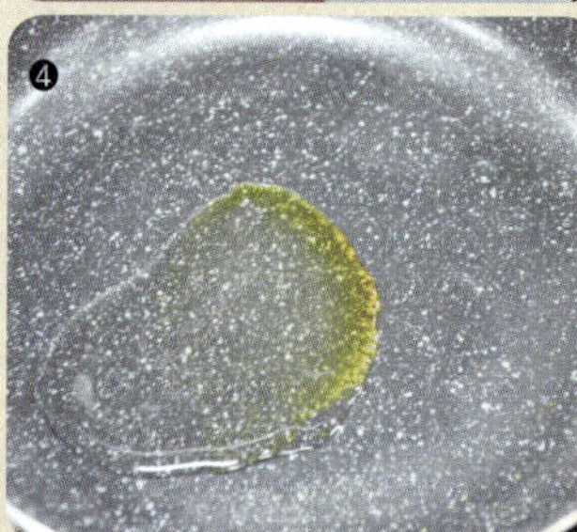

▶ 호박을 살짝 찐 후에 껍질을 벗기면 잘 벗겨져요. 속까지 골고루 익히기 위해 약한 불에서 튀기는 게 좋아요.

몸에 좋은 옐로 푸드, 호박!

최근 옐로 푸드(yellow food)에 대한 관심이 높아지고 있다. 옐로 푸드는 노란색을 띠는 과일과 채소를 뜻하며, 카로티노이드 성분이 풍부해 면역력을 높여 주는 것으로 알려져 있다.
대표적인 옐로 푸드로 꼽히는 단호박에는 우리 몸이 직접 만들지 못하는 식이섬유와 미네랄, 비타민이 듬뿍 들어 있다. 따라서 성장기 어린이에게 특히 좋은 음식이다.
또 호박은 몸을 따뜻하게 해 주는 것으로 알려져 있다. 따라서 차가운 음식을 많이 먹거나 냉방기 사용으로 몸이 차가워지기 쉬운 여름에 먹으면 건강을 지키는 데 도움이 된다.

갈색 설탕 실로 바삭함을 업!

단호박에 설탕을 묻힐 때는 불에 오래 놔두면서 자주 뒤적거려 설탕 실을 만들어 보자. 끈적거리면서도 단단한 설탕 실이 맛탕을 더욱 바삭하게 해 준다. 그런데 시간이 지나면 투명했던 설탕 실이 점점 갈색으로 변하는 것을 볼 수 있다. 이 현상은 '캐러멜화 반응'이 일어났기 때문이다.
캐러멜화 반응은 설탕이 뜨거운 열을 받아 분해되고 산화되면서 갈색의 작은 분자 물질로 변하는 과정이다. 달콤하고 말랑말랑한 캔디의 일종인 캐러멜도 설탕과 물엿 등을 끓여 만든다. 맛탕이 갈색을 띠는 것도 캐러멜화 반응이 일어났다는 증거다.